城镇化 吴良镛

高质量城乡建设中的
历史文化保护传承

江苏省住房和城乡建设厅
江苏省城市科学研究会　　　　　　　主编
江苏省城镇化和城乡规划研究中心

U0293030

中国建筑工业出版社

审图号：GS京（2024）0940号

图书在版编目（CIP）数据

城镇化 高质量城乡建设中的历史文化保护传承 /
江苏省住房和城乡建设厅，江苏省城市科学研究会，江苏
省城镇化和城乡规划研究中心主编 . — 北京：中国建筑
工业出版社，2024.2
ISBN 978-7-112-29508-1

Ⅰ.①城… Ⅱ.①江… ②江… ③江… Ⅲ.①历史文
化名城 – 保护 – 研究 – 江苏 Ⅳ.① TU984.253

中国国家版本馆 CIP 数据核字（2023）第 252696 号

责任编辑：焦 扬
责任校对：赵 力

城镇化 高质量城乡建设中的历史文化保护传承

江苏省住房和城乡建设厅 江苏省城市科学研究会 江苏省城镇化和城乡规划研究中心 主编
*
中国建筑工业出版社出版、发行（北京海淀三里河路 9 号）
各地新华书店、建筑书店经销
上海鉴方文化创意有限公司设计制版
南京互腾纸制品有限公司印刷
*
开本：880 毫米 x 1230 毫米 1/16 印张：7¼ 字数：224 千字
2024 年 6 月第一版   2024 年 6 月第一次印刷
定价：48.00 元
ISBN 978-7-112-29508-1
　　　（42260）

城镇化

Urbanisation

高质量城乡建设中的
历史文化保护传承

主编单位

江苏省住房和城乡建设厅

江苏省城市科学研究会

江苏省城镇化和城乡规划研究中心

学术支持单位

中国城市规划学会

编委会

名誉主任　何　权　周　岚

顾问编委　（按姓氏拼音排序）

崔功豪　齐　康　仇保兴　王静霞　吴良镛　张　鑑　张　泉　郑时龄　周一星

编　　委　（按姓氏拼音排序）

董　卫　樊　杰　顾朝林　吕　斌　施嘉泓　施卫良　石　楠　苏则民　唐　凯
王兴平　吴缚龙　吴唯佳　吴志强　武廷海　杨保军　叶南客　叶祖达　袁奇峰
张京祥　张庭伟　张玉鑫　赵　民　周牧之　周志龙　邹　军

执行主编　丁志刚

文稿统筹　杨红平　姜克芳　庞慧冉　鲁　驰　朱　宁　陈　如　邵玉宁

美术总监　邓潇潇

美术设计　张烘溢　孙承铭　宫佳佳

合作伙伴

清华大学建筑与城市研究所

南京大学

高密度区域智能城镇化协同创新中心

东南大学

能源基金会中国

城市中国计划

与作者联系

邮箱　Urbanisation@uupc.org.cn

电话/传真　025-8679 0800

地址　南京市草场门大街 88 号 11 层江苏省城镇化和城乡规划研究中心

邮编　210036

微信搜索　江苏省城镇化和城乡规划研究中心

城镇化思考者
The Thinker of Urbanisation

城市更新
城市更新专项规划
城市更新体检评估
住区街区更新
低效产业空间更新
蓝绿空间更新

历史文化保护
历史文化名城保护规划
历史文化名镇保护规划
历史文化名村（传统村落)保护规划
历史文化街区(历史地段)保护规划

城市规划与设计
战略规划
国土空间规划
空间特色规划
城市设计
全龄友好规划设计
创新空间规划设计

工程技术咨询
低碳生态规划
韧性城市建设
海绵城市建设
水环境治理
市政基础设施规划
绿色交通规划
能源利用规划

城镇化研究
区域发展战略
城乡一体化
人口城镇化
宜居城市建设

数字城乡建设
智慧城市空间信息平台
空间大数据分析与研究

江苏省城镇化和城乡规划研究中心（以下简称"中心"）是江苏省住房和城乡建设厅直属事业单位，是全国城乡规划建设行业首家新型城镇化研究机构。

中心以我国新型城镇化战略为导向，将城镇化研究与美丽宜居城市建设紧密结合，致力于规划设计与工程项目建设实践，为引领高品质城乡发展提供决策咨询与设计服务。

中心主要业务包括城镇化研究、宜居城市建设、城市规划设计、数字城乡建设、工程技术咨询，涵盖城市和区域规划、城市更新与城市设计、人口城镇化、低碳生态、水环境治理、产业研究、绿色交通、安全韧性城市、大数据应用等领域。中心获得国内外30余项优秀规划设计与工程设计奖项。

Urbanisation and Urban-Rural Planning Research Center of Jiangsu (UUPC) is the first research institution of new-type urbanisation in the urban-rural planning industry of China, which is subordinate to the Department of Housing and Urban-Rural Development of Jiangsu.

Guided by China's New Urbanization Strategy, UUPC combines urbanization research with the Action of Beautiful & Livable Cities and Urban Regeneration, which is committed to planning and design and engineering project construction practice, and provides decision-making consultation and design services for leading high-quality urban and rural development.

The main business of UUPC includes urbanization research, livable city construction, urban planning and design, digital urban and rural construction, engineering consulting, urban and regional planning, urban regeneration and urban design, low carbon ecology, water environment management, industry research, green traffic, resilient city, big data application, etc. UUPC has won more than 30 domestic and international excellent planning, design and engineering design awards.

江苏省城镇化和城乡规划研究中心

编者语

　　中国有着五千年悠久的历史和灿烂的文化，是世界四大文明古国中仅剩的延续至今且文化传承从未中断的国家，保护传承好中华文明就是延续世界文明。党的十八大以来，习近平总书记多次关心历史文化保护传承工作，并就此作出一系列战略部署，为我们正确对待历史文化遗产、将其与城乡发展更好融合指明了方向。2021年，中共中央办公厅、国务院办公厅印发《关于在城乡建设中加强历史文化保护传承的意见》，强调要"建立分类科学、保护有力、管理有效的城乡历史文化保护传承体系"，"做到空间全覆盖、要素全囊括"。

　　纵览中华文明发展史，江苏有着重要的地位。从"泰伯奔吴"，到三次"衣冠南渡"，中原文化、异域文化与江苏文化的一次又一次融合，都是江苏经济发展、社会变迁和文化繁荣的催化过程。财富、知识、技术、人才流动汇聚、沉淀升华，吴文化、金陵文化、淮扬文化、楚汉文化交相辉映、竞放异彩。悠久的历史，为江苏留下了丰富的遗存和灿烂的文化，也成为江苏高质量发展走在前列的坚实基础。如何在中华民族走向伟大复兴的新时代，将历史文化保护传承全面融入高质量城乡建设和经济社会发展大局，是江苏在高质量城乡建设中必须面对的时代命题。

　　本书聚焦"城市更新背景下的历史文化保护与传承"，我们的研究团队基于一手资料的收集和分析，从五千年的悠久历史与灿烂文化中选取了几个截面。其中，既有区域视野中的文化线路建设，也有微观尺度的历史建筑修缮；既有城市中的历史文化名城、历史型街区和工业遗产活化利用，也有乡村中的产业遗产和传统村落复兴；既有物质的历史文化遗存保护利用，也有非物质的老地名、传统建筑营造技艺传承。希望能通过这些片段式的展示和讨论，提供一些能够管窥当前高质量城乡建设中的历史文化保护传承工作的窗口，供读者参考。书稿得到了中国城市规划学会以及多位专家的大力支持，在此谨向成书过程中给予莫大帮助的有关单位和个人表示诚挚谢意。

执行主编：丁志刚

2024年3月

028

南头古城更新

046

东升里社群活动

64

各具特色的乡村供销社

目 录

085

江天万里：长江文化带上的岛链历史景观意象

103

园林营造工艺

094

国家历史文化名城——镇江

高质量城乡建设中的历史文化保护传承

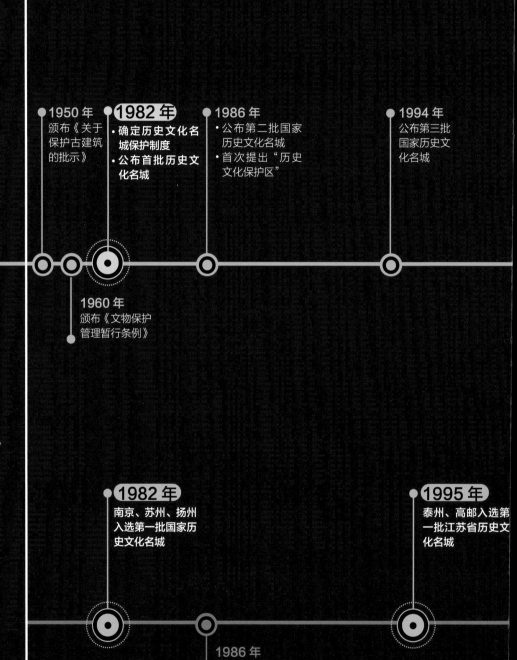

商周 – 宋朝
对青铜器、玉器等前朝遗物的收藏保护，汉朝开始创置秘阁以聚图书

宋朝 – 清朝
金石学成为专门之学，代表人物：曾巩、赵明诚等

清朝 – 民国
- 光绪三十二年（1906 年）设民政部，拟定《保存文物推广办法》
- 1905 年，张謇在南通创建南通博物苑，是我国第一座博物馆

民国政府时期
- 1922 年马衡在北京大学设立考古学研究室，是我国最早的文物保护研究机构
- 1925 年，故宫博物院设立
- 1928 年，国民政府设立"中央古物保管委员会"，是第一个专门保护管理文物的政府机构
- 1929 年，颁布《古物保存法》
- 1929~1946 年，朱启钤在北京设立中国营造学社，梁思成和刘敦桢分别任法式组和文献组的组长，在全国开展了古建筑调查

1950 年
颁布《关于保护古建筑的批示》

1982 年
- 确定历史文化名城保护制度
- 公布首批历史文化名城

1960 年
颁布《文物保护管理暂行条例》

1986 年
- 公布第二批国家历史文化名城
- 首次提出"历史文化保护区"

1994 年
公布第三批国家历史文化名城

1982 年
南京、苏州、扬州入选第一批国家历史文化名城

1986 年
淮安、徐州、镇江、常熟入选第二批国家历史文化名城

1995 年
泰州、高邮入选第一批江苏省历史文化名城

中国有着五千年悠久的历史和灿烂的文化，是四大文明古国中仅剩的延续至今且文化传承从未中断的一国，保护传承好中华文明就是延续世界文明史。我们的祖先很早就通过朴素的收藏行为表达对历史文化遗产的欣赏和珍惜，也是对逝去时代的纪念和追寻。我国现代意义上的历史文化保护始于 20 世纪 20 年代的考古科学研究，其后发展演变经历了以文物保护为中心内容的单一体系、增添历史文化名城保护为重要内容的双层次保护体系以及转向历史文化街区、历史建筑等遗产要素的多层次保护体系。在中华民族走向伟大复兴的新时代，强调历史文化保护传承，并将其全面融入高质量城乡建设和经济社会发展大局，才能更好地发挥历史文化遗产的社会教育作用，不断提高人民的文化自豪感，树立文化自信，才能不断满足人民日益增长的对美好生活的需要。

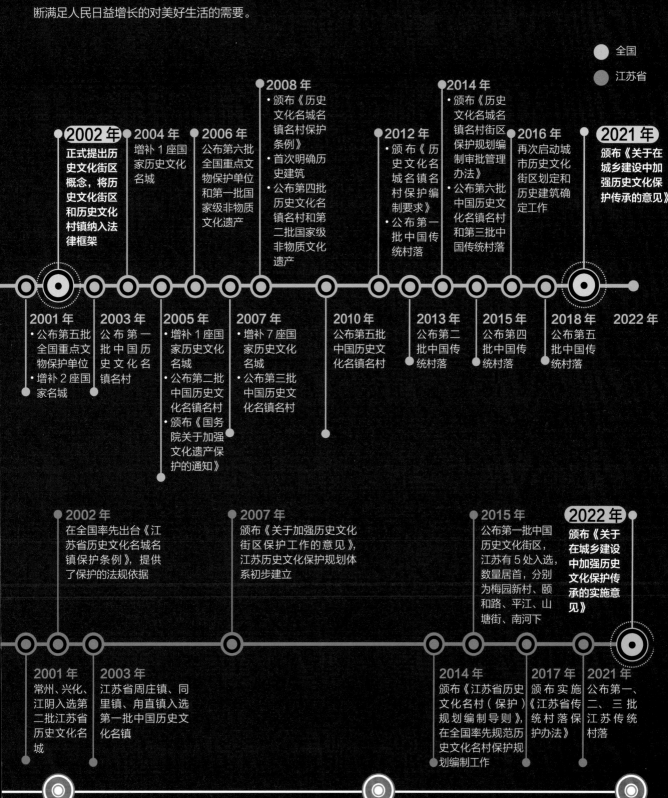

● 全国
● 江苏省

2002 年
正式提出历史文化街区概念，将历史文化街区和历史文化村镇纳入法律框架

2004 年
增补 1 座国家历史文化名城

2006 年
公布第六批全国重点文物保护单位和第一批国家级非物质文化遗产

2008 年
· 颁布《历史文化名城名镇名村保护条例》
· 首次明确历史建筑
· 公布第四批历史文化名镇名村和第二批国家级非物质文化遗产

2012 年
· 颁布《历史文化名城名镇名村保护编制要求》
· 公布第一批中国传统村落

2014 年
· 颁布《历史文化名城名镇名村街区保护规划编制审批管理办法》
· 公布第六批中国历史文化名镇名村和第三批中国传统村落

2016 年
再次启动城市历史文化街区划定和历史建筑确定工作

2021 年
颁布《关于在城乡建设中加强历史文化保护传承的意见》

2001 年
· 公布第五批全国重点文物保护单位
· 增补 2 座国家名城

2003 年
公布第一批中国历史文化名镇名村

2005 年
· 增补 1 座国家历史文化名城
· 公布第二批中国历史文化名镇名村
· 颁布《国务院关于加强文化遗产保护的通知》

2007 年
· 增补 7 座国家历史文化名城
· 公布第三批中国历史文化名镇名村

2010 年
公布第五批中国历史文化名镇名村

2013 年
公布第二批中国传统村落

2015 年
公布第四批中国传统村落

2018 年
公布第五批中国传统村落

2022 年

2002 年
在全国率先出台《江苏省历史文化名城名镇保护条例》，提供了保护的法规依据

2007 年
颁布《关于加强历史文化街区保护工作的意见》，江苏历史文化保护规划体系初步建立

2015 年
公布第一批中国历史文化街区，江苏有 5 处入选，数量居首，分别为梅园新村、颐和路、平江、山塘街、南河下

2022 年
颁布《关于在城乡建设中加强历史文化保护传承的实施意见》

2001 年
常州、兴化、江阴入选第二批江苏省历史文化名城

2003 年
江苏省周庄镇、同里镇、甪直镇入选第一批中国历史文化名镇

2014 年
颁布《江苏省历史文化名村（保护）规划编制导则》，在全国率先规范历史文化名村保护规划编制工作

2017 年
颁布实施《江苏省传统村落保护办法》

2021 年
公布第一、二、三批江苏传统村落

走向多元属性的文化线路建设

□ 整理 杨红平

　　文化线路(Cultural Routes)是国际上新兴的文化遗产类型，最早于 1984 年由欧洲理事会(Council of Europe)提出，其被界定为：一条围绕某个主题、穿越若干国家或地区的道路，线路本身的文化性、范围和意义都能体现欧洲典型的历史、艺术和社会特征。1987 年，欧洲公布了世界上第一条欧洲文化线路——圣地亚哥·德·孔波斯特拉朝圣之路(Routes of Santiago de Compostela)。1993 年，该线路的西班牙段作为首条"文化线路遗产"被列入世界遗产名录。

　　随后，文化线路开始得到全球各地的普遍重视，类似的线状遗产空间在美国、中国、日本等多个国家被陆续认定，形成了类型丰富、特色迥异的文化线路遗产景观。发展至今，文化线路类的线状历史遗产早已超越了初期朴素的文明传播、宗教交流等文化属性，逐步被赋予了商贸联系、旅游发展为主导的经济属性，甚至增加了强势文化对外输出和意识形态对外传播的政治属性。

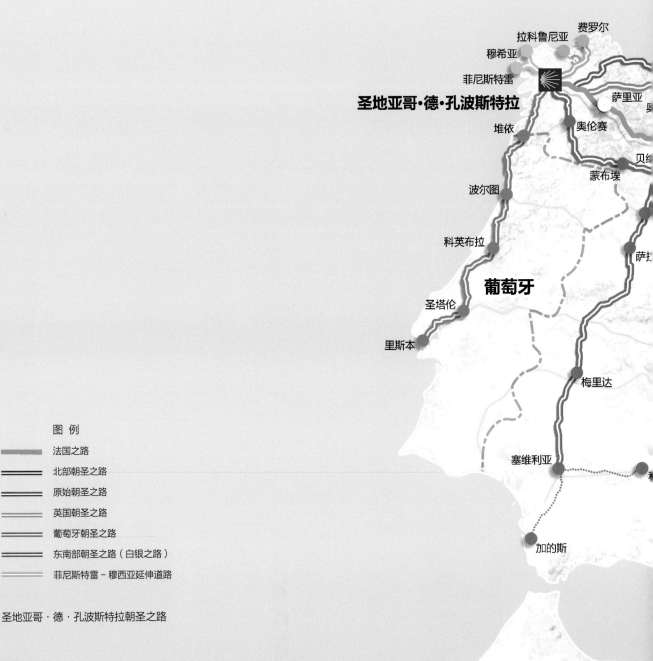

图 例

▬▬　法国之路

▬▬　北部朝圣之路

▬▬　原始朝圣之路

▬▬　英国朝圣之路

▬▬　葡萄牙朝圣之路

▬▬　东南部朝圣之路（白银之路）

▬▬　菲尼斯特雷－穆西亚延伸道路

圣地亚哥·德·孔波斯特拉朝圣之路

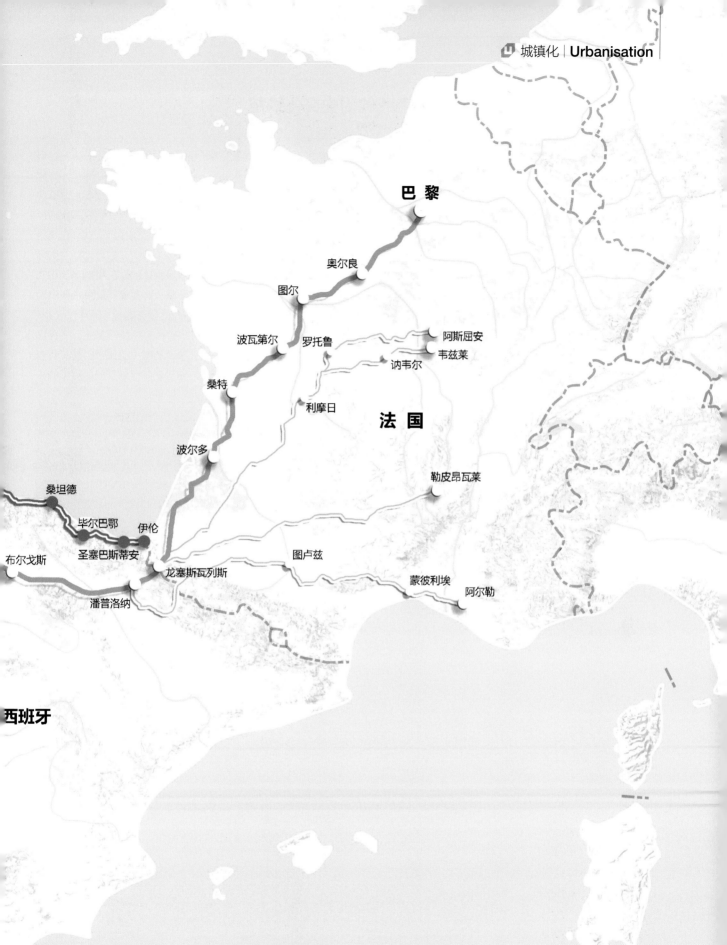

巴 黎

奥尔良

图尔

波瓦第尔　罗托鲁　　　　　阿斯屈安
　　　　　　　　　　　　韦兹莱
　　　　　　　讷韦尔

桑特

利摩日　　法　国

波尔多

勒皮昂瓦莱

桑坦德

毕尔巴鄂　伊伦

布尔戈斯　　圣塞巴斯蒂安

　　　　　　　　图卢兹

龙塞斯瓦列斯

潘普洛纳　　　　　　　　　蒙彼利埃

　　　　　　　　　　　阿尔勒

西班牙

形形色色的历史文化线路

有形线路 VS 无形线路

　　文化线路作为线性的遗产空间，得到了很多国家和国际历史文化保护组织的深入研究。从 1990 年代开始，挖掘和认定"文化线路"的机构有欧洲文化线路委员会（European Institute of Cultural Routes）、国际古迹遗址理事会（ICOMOS）下属的文化线路科技委员会（CIIC）和联合国教科文组织下属的世界遗产委员会（UNESCO World Heritage Committee）。三大机构对文化线路的界定略有差异，就认同度而言，文化线路科技委员会（CIIC）的界定相对影响较高，其认为文化线路是指"有清晰的物理界限和自身特殊的动态机制与历史功能，以服务于一个特定的明确界定的目的，来自并反映人类互动和跨越较长时期的民族、国家、地区或大陆间的交通线路，并且此线路上存在着持续互惠的货物、思想、知识和价值观的交流"，更为强调文化线路的有形实体线路属性。而美国基于欧盟实践经验，提出的类文化线路空间——"遗产廊道（区域）"，是具有自然和文化双重属性的线性空间，更多是基于休闲游憩和旅游促进目的而打造的步道系统空间。

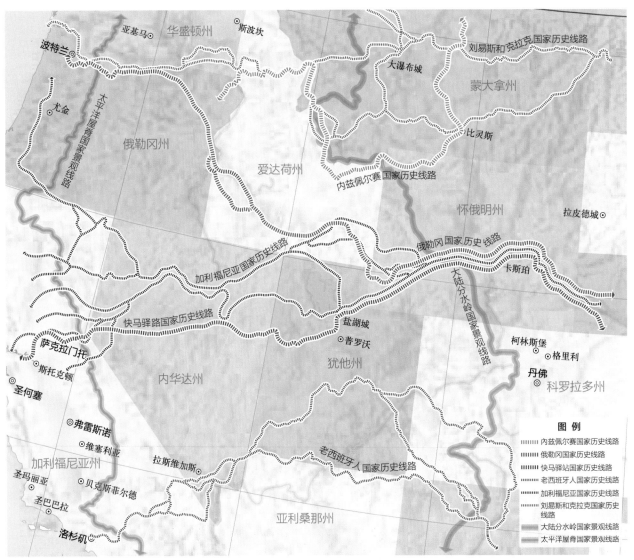

美国西北地区的遗产廊道（区域）分布

资料来源：
https://www.nps.gov/subjects/nationaltrailssystem/maps.htm.

"有形"的文化线路

纵观西方国家的文化线路发展历程，早期的文化线路均为在一定历史时期存在过并有明确路径的带状空间，主要特征如下。

特定主题或历史功能：文化线路必须是为具体且特定用途服务而存在的，如运输特定的商品货物，进行特定的政治、宗教、文化活动等。这个具体的特定的用途，既是交通线路的主导功能，也是迁徙与交流产生的原动力。

一定时长的动态性：作为一种历史现象而不是一个历史事件，文化线路的形成需要时间的累积，才能形成不同文化群体间的相互影响和融合。这也正是文化线路作为一种遗产类型存在的价值与意义所在。

"无形"的文化线路

发展至今，文化线路业已成为世界各国发展旅游经济的重要抓手。为此，相关国家参考并进一步拓展了文化线路的认定范畴，开始策划和建设打造"无形"的文化线路，以充分放大其当代传承下的经济激发作用，形成彰显历史文化特色的新价值空间。

挪威渔业史文化线路

为传承自维京时代就诞生的北欧千年渔文化，挪威自1994年起历时20年打造了挪威渔业史文化线路，并将其作为挪威18条国家观光路线中最具特色的代表向世界宣传推介。

该文化线路长达300多千米，由北至南全线贯通了挪威位于北极圈内的各岛屿，充分展现了挪威北极圈群岛地区代表性的渔业文化。线路由两部分组成，分别是位于北极圈海洋中的海上线路段和位于北部山区的山间线路段。其中，海上线路段是线路主体段，在参考历代渔民出海捕鱼主要线路和古代维京人相互往来航线的基础上，确立了一条串联了罗弗敦群岛等维京时代历史遗迹、历史上的渔业贸易站、海边渔民临时居住点和海上观鲸点的文化线路。但由于线路在海上，受到洋流水团作用和船员行船习惯影响，尤其是每个季节、每日的鲸鱼鱼群出没点均在变化，海上的文化线路段只有大致方位，并没有明确路径，是一条"无形"的文化线路。而山间线路段是以山区公路为主体，串联了挪威优美的海岸线观景点、斯沃尔韦尔等渔业小镇和亨宁斯维尔等现有渔村。在一定程度上，该路段虽然串联了几处历史文化遗产地，但更多的是连接了具有典型挪威自然景观特色的极地风景点和峡湾地貌景观区，是一条自然与文化深度融合的旅游观光线路，与挪威渔业史的文化线路主题匹配度不高。

延续至今的风干鳕鱼制作手艺

传承至今的渔业小镇——斯沃尔韦尔

罗弗敦群岛上的维京时代遗迹

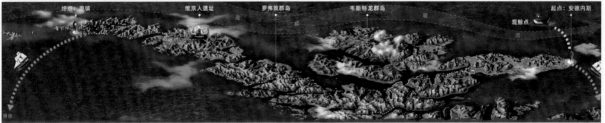

挪威渔业史文化线路示意图

跨区域线路 VS 城市慢行线路

目前，普遍的共识认为文化线路应是跨地区交流互惠的线路，并伴随有多个不同文化群体间的相互影响。这势必需要文化线路跨越较为广阔的区域，一般至少是跨越多个行政区域，甚至欧洲文化线路委员会考虑到欧盟各国国土面积较小，要求欧洲的文化线路应该是跨国家层面的，这样才有可能经过并联系起不同的文化地区，同时相互产生交流和影响。

考虑到个别国家国土面积较小以及国家历史文化追溯有限，为增强历史文化线路的丰富性和多样性，部分学者提出历史文化线路既可以是数万千米的跨国家的线性空间，也可以是位于城镇一隅的短距离线性空间，如日本京都长约 3 千米的以祈福为主题的文化线路等。因此，开始出现了建设长度仅为数千米的文化线路。甚至还有国家认为之前城市内的历史路径也可以纳入文化线路范畴，如有美国学者提出应追认建于 1951 年的波士顿自由足迹为文化线路。

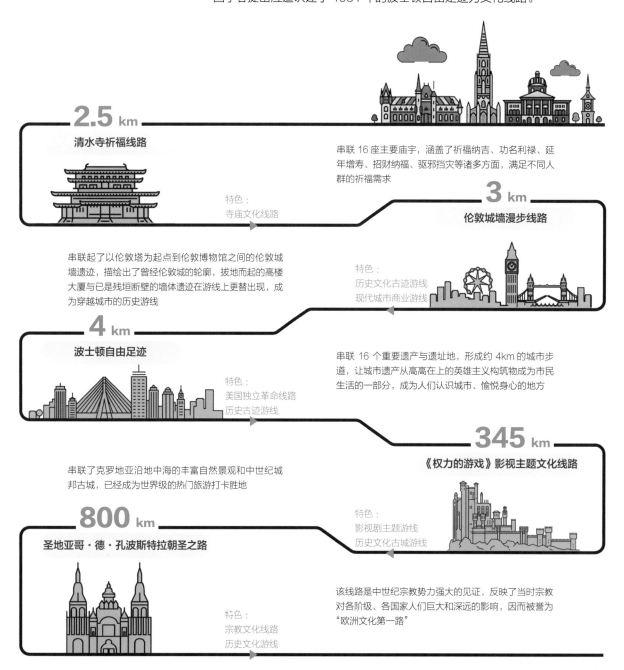

2.5 km
清水寺祈福线路
特色：
寺庙文化线路

串联 16 座主要庙宇，涵盖了祈福纳吉、功名利禄、延年增寿、招财纳福、驱邪挡灾等诸多方面，满足不同人群的祈福需求

3 km
伦敦城墙漫步线路
特色：
历史文化古迹游线
现代城市商业游线

串联起了以伦敦塔为起点到伦敦博物馆之间的伦敦城墙遗迹，描绘出了曾经伦敦城的轮廓，拔地而起的高楼大厦与已是残垣断壁的墙体遗迹在游线上更替出现，成为穿越城市的历史游线

4 km
波士顿自由足迹
特色：
美国独立革命线路
历史古迹游线

串联 16 个重要遗产与遗址地，形成约 4km 的城市步道，让城市遗产从高高在上的英雄主义构筑物成为市民生活的一部分，成为人们认识城市、愉悦身心的地方

345 km
《权力的游戏》影视主题文化线路
特色：
影视剧主题游线
历史文化古城游线

串联了克罗地亚沿地中海的丰富自然景观和中世纪城邦古城，已经成为世界级的热门旅游打卡胜地

800 km
圣地亚哥·德·孔波斯特拉朝圣之路
特色：
宗教文化线路
历史文化游线

该线路是中世纪宗教势力强大的见证，反映了当时宗教对各阶级、各国家人们巨大和深远的影响，因而被誉为"欧洲文化第一路"

波士顿自由足迹

波士顿自由足迹位于美国波士顿市中心区，是一条记载美国独立革命历史的城市遗产足迹。1951 年，美国记者威廉·斯科菲尔德提议用一条步行道来连接波士顿历史性地标，全面保护与美国革命时代事件相关的重要历史地点，波士顿市长采纳了其建议，并正式将此线路命名为波士顿自由足迹。规划筛选出 16 个重要遗产与遗址地，串联形成约 4km 的城市步道，步道以红砖或红线标记，并设有特别设计的圆形标牌。1964 年，非营利组织自由足迹基金会成立，负责管理协调自由足迹的保护利用事务。

波士顿自由足迹展示了其历史遗产保护四个阶段的不同理念。其中，旧南会堂和旧州议会大厦的保护，体现了 1870 年代以历史建筑保护为核心的保护理念；州议会大厦的扩建与波士顿公园的保护，体现了 1900 年代关注整体历史环境保护的理念；法尼尔会堂与昆西市场的更新，表达了 1970 年代将建筑更新与城市复兴相结合的理念；黑人足迹、妇女足迹和爱尔兰人足迹的建立，体现了 20 世纪中期以来以文化廊道强化历史资源再整合的保护思想。总体上，波士顿自由足迹的建立，让城市遗产从高高在上的英雄主义构筑物转变成为市民生活的一部分，变成人们认识城市、愉悦身心的地方。

以红色步行道为导引的自由足迹

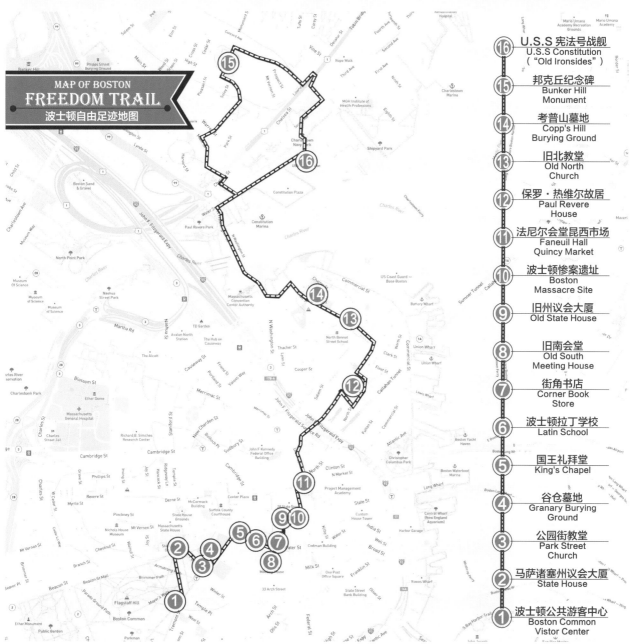

波士顿自由足迹路线

为什么我们如此看重文化线路？

文化线路作为一种新的文化遗产类型，既是人类文明交流的印迹，反映了历史上跨国界、跨地区、跨种族的宗教、贸易、迁徙等历史活动，又是当代历史文化遗存保护、城市更新建设等持续活动的结果，总体上是历史发展和当代建设共同作用下的历史空间。但当代文化线路的建设具有文化、经济和政治等多重属性，发挥了保护历史文化、促进旅游经济发展和推动文化输出传播的综合作用。

锚定以价值为核心的文化属性

各国对文化线路这一遗产类型的界定虽各有侧重，但在核心思想上均一致强调文化线路应强化通过串联、整合等方式来保护同一历史文化主题的价值属性。这种价值应体现在：一方面，保留的文化遗产既包括建筑、遗迹等物质文化遗产与史料、诗歌等非物质文化遗产，还包括各类人工修建的建（构）筑物文化遗产和空间活动所在的各类自然遗产；另一方面，文化线路的历史价值要求主题认定应结合具体的历史人物、事件来共同展示不同地区丰富且多元的文化底蕴。同时，考虑到部分地区和国家由于经济发展基础弱、文化传播范围小，属于长期被冲击对象的弱势文化区，就更有必要通过历史文化线路来"串联打捆"、联动绑定，甚至主动依附周边强势文化区，并通过各自巧妙定义或积极创造、谋取成为当代文化的典型代表，才能在数字时代真正跨越文化消亡的生死之门。

促进旅游业发展的经济属性

除了商贸型线路，大部分历史文化线路并不具备经济属性，但近 20 年欧盟地区的文化线路建设在保护历史遗存的同时，也促进了区域经济一体化的加速发展，尤其是能较好地促进沿线国家和地区的旅游业发展。例如，德国巴伐利亚州以浪漫为主题的文化线路在建成后，每年约吸引 2400 万的国际游客、实现过夜住宿约 600 万人次、合计约 20 亿欧元的年度旅游收入。甚至一些欧洲国家为进一步凸显历史文化资源促进旅游业发展的经济价值，开始建设并非真实历史存在但却深入人心的文化线路，以无中生有的方式来促进旅游业发展。如克罗地亚结合火爆全球的《权力的游戏》这一剧集，打造了以虚构的中古时期"龙之家族"为主题的影视文化线路，成为火爆全球的新旅游经济增长点。

戴克里先宫 - 龙之巢穴　　克里斯堡垒 - 弥林城

弥林
斯普利特

斯普利特是克罗地亚第二大城市，这里同样被联合国教科文组织列为世界文化遗产，拥有众多历史悠久的宫殿、教堂和堡垒。《权力的游戏》中奴隶湾弥林的戏份在此拍摄。

布拉弗斯
希贝尼克

克罗地亚东南部的中世纪港口城市，《权力的游戏》中东大陆自由贸易城邦布拉弗斯的拍摄地。

克罗地亚《权力的游戏》影视主题文化线路

资料来源：
https://embracesomeplace.com/game-of-thrones-filming-locations-dubrovnik/.

克罗地亚的"权力的游戏"影视主题文化线路

《权力的游戏》是一部以中世纪奇幻为题材的影视剧,在2011~2019年连续播出,因其超高的收视率带火了剧中的取景地——摩洛哥、北爱尔兰、克罗地亚、冰岛等国家的旅游市场。其中,作为剧中主要取景地的克罗地亚,为深挖"权力的游戏"这一超级IP,在该剧播出期间对主要取景点如"君临城"杜布罗夫尼克、"龙之巢穴"斯普利特等城市和剧中频繁出现的"红堡"罗维里耶纳克城堡、博卡堡垒、圣多米尼卡街、"黑水湾"派勒码头等进行主题营造和线路串联,并结合克罗地亚沿地中海的丰富自然景观和中世纪城邦古城,策划建设形成了长达345km的《权力的游戏》影视主题文化线路。

据统计,2019年《权力的游戏》最终季播出后,无数影迷慕名而来,前往克罗地亚的游客人数同比增长了近5倍,位居该剧各取景地增速第一。同时,随着近年来与《权力的游戏》相关的《龙之家族》等影视作品持续播出与市场发酵,克罗地亚打造的影视文化线路持续升温,已经成为世界级的热门旅游打卡胜地,连续4年位列欧洲游客旅游首选地。

目前,这些线路仅得到所在国家的认同,并未得到国际遗产保护组织、欧洲文化线路委员会等机构的一致承认,但其在持续塑造地区文化IP、促进区域旅游经济发展和增加就业机会等方面取得的极大成效,仍然像一粒粒种子一样播撒在世界各地,让文化线路建设拔节生长,并成为很多国家和地区促进区域经济一体化增长和文化交流互促的有效举措。

《权力的游戏》中的黑水湾

《权力的游戏》中的蒙羞之路

现实中的派勒码头

现实中的圣多米尼卡街

杜布罗夫尼克是克罗地亚东部的港口城市,建于公元7世纪,是中世纪时期杜布罗夫尼克共和国中心,并于1979年被联合国教科文组织列入世界遗产名录。这里拥有保存完好的古城堡和充满历史气息的古城格局,因此成为剧中君临城的拍摄地点。

君临城
杜布罗夫尼克

博卡堡垒-君临城城墙

罗维里耶纳克城堡-红堡

院长宫-香料王宫

派勒码头-黑水湾

强势文化输出的政治属性

在促进世界文化多样性呈现和刺激形成新经济增长点的同时，我们也看到文化线路伴生了强势文明对弱势文明的冲击。虽然文化本身没有高低之分，但由于各历史时期的文化传播均存在着空间和时间范畴的影响差异，不可避免地会出现强势文化对弱势文化的冲击甚至吞噬；尤其是在新兴国家崛起后，其必然会对宗教文明地区进行强势打压，甚至毁灭式冲击。在当代，国际关系上强势政治文化也对弱势政治文化有冲击，而信息时代先进的科学技术与快速传播更是加剧了这一态势。

近年来，欧洲文化线路委员会对原有文化线路的界定和建设方式一改再改，明确指出文化线路作为欧盟基本理念的展示平台，是向世界展示欧洲在不同国家和差异化的文化背景共同作用下的区域共识——"人权、文化民主、文化多样和文化认同、多边互惠交换"等。同时，在制度层面，欧盟也确立了以多样化的文化线路建设将欧盟发展理念推广至世界各地的资金筹集、传播媒介等保障措施。此时的欧洲文化线路更多的是承载了彰显欧洲文明在世界文明体系中的"优势地位与高阶形态"的功能，更为强调其意识形态宣传、全球大众教育和强势文明传播的政治属性，已然成为彰显欧洲地域文化"高级化"的放大器。

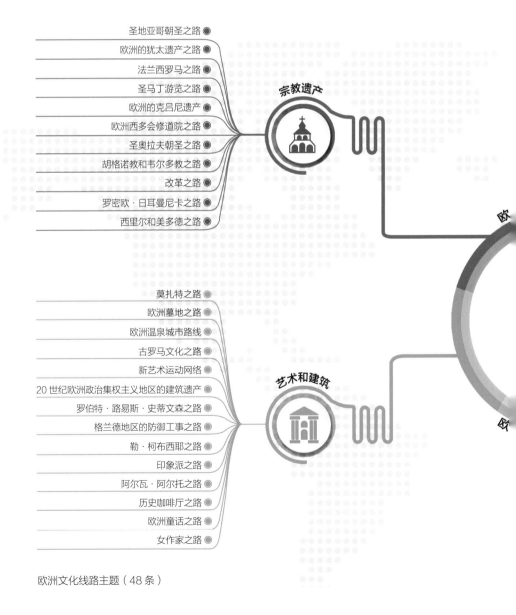

欧洲文化线路主题（48条）

新类型的欧洲文化线路

自 1987 年欧洲委员会（Council of Europe）提出用文化线路来展示多样化的欧洲文化遗产以来，欧洲文化线路数量持续增长、类型越来越丰富。多条文化线路的设立为欧洲国家共同开展欧洲遗产的记忆与历史展示、促进年轻一代在文化教育等领域开展活动提供了保障。截至 2022 年，欧洲先后认定的 48 条欧洲文化线路中，从早期的基于交通通行、贸易交流、宗教活动等类型，开始出现了包括宗教遗产、艺术和建筑、历史与文明、景观和手工艺、工业和科学遗产五大类主题，构建的一个面向世界共享历史与遗产的线路网络体系，成为展现欧洲丰富文化遗产和传播欧盟发展理念的重要举措。

现阶段欧洲文化线路的认定早已摒弃了早期提出的实体线路、长期文化交流和动态活动、文化线路地区分布均衡性等判定标准，更多地将是否有利于传播欧盟的普世价值作为主要认定标准。同时，从近 10 年认定的文化线路名称可以看出，已经出现了主题清晰但并没有明确联系路径的文化线路。最为明显的是 2019 年推出的 "勒·柯布西耶建筑之路"，将分散在欧洲、亚洲、美洲的多座建筑遗产汇集起来，以 20 世纪著名的建筑师勒·柯布西耶在 6 个国家、21 座城市的 24 栋建筑来解读勒·柯布西耶建筑文化，其覆盖范围早已超出了欧洲的地理界线，表明了欧洲文化线路迈向全球化的战略意图。

从 1686 年传承至今的巴黎第一家咖啡厅——花神咖啡馆（Café de Flore）

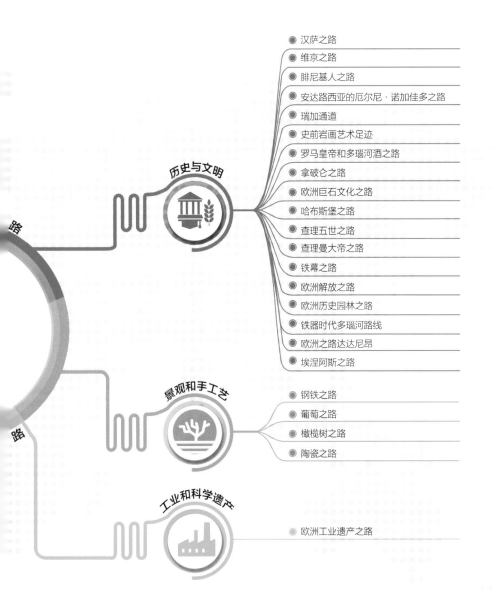

历史与文明
- 汉萨之路
- 维京之路
- 腓尼基人之路
- 安达路西亚的厄尔尼·诺加佳多之路
- 瑞加通道
- 史前岩画艺术足迹
- 罗马皇帝和多瑙河酒之路
- 拿破仑之路
- 欧洲巨石文化之路
- 哈布斯堡之路
- 查理五世之路
- 查理曼大帝之路
- 铁幕之路
- 欧洲解放之路
- 欧洲历史园林之路
- 铁器时代多瑙河路线
- 欧洲之路达达尼昂
- 埃涅阿斯之路

景观和手工艺
- 钢铁之路
- 葡萄之路
- 橄榄树之路
- 陶瓷之路

工业和科学遗产
- 欧洲工业遗产之路

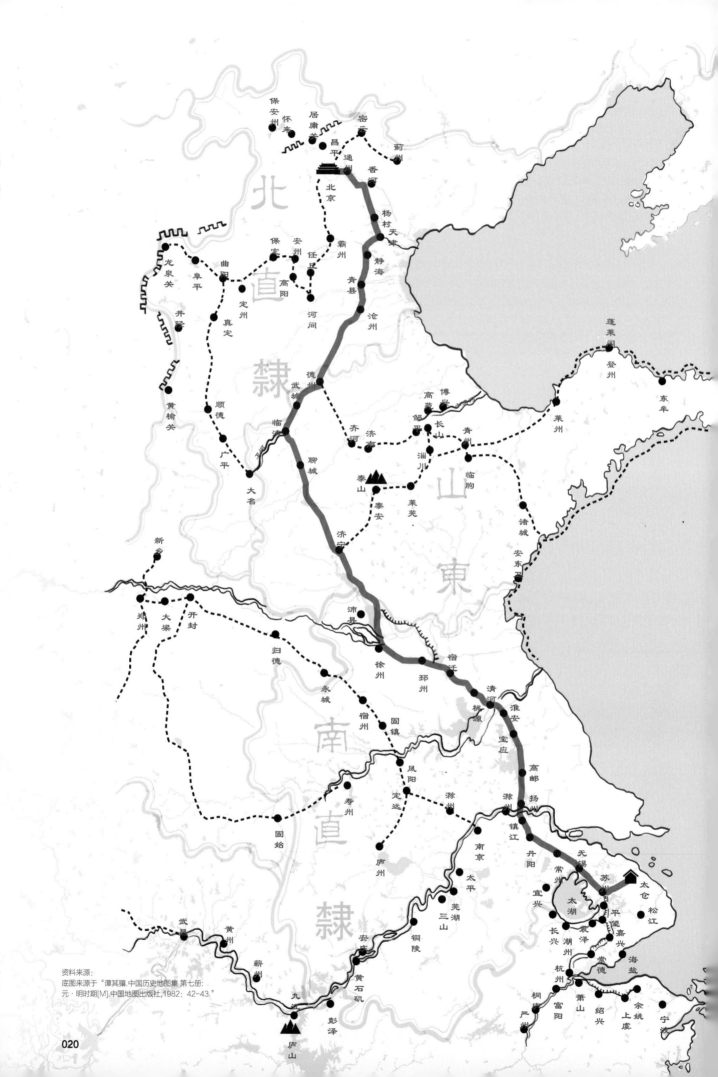

资料来源：
底图来源于"谭其骧.中国历史地图集 第七册：
元·明时期[M].中国地图出版社,1982：42-43."

中国古代的"文化线路"：跟着王世贞"卧游"漕河

　　京杭运河，古称漕河，历来行走其上易遭遇水害、匪患、兵痞等天灾人祸，且在诸多水闸口等候时长不定；再者行船时夏季舱内如蒸笼，人易中暑，冬季时又有厚冰阻行，前移不易，故自古以来更多的是南来北往的运输通道，而不是文人雅士所喜之游览路线，历朝历代也少有文人骚客沿漕河行走观景并记录。

　　明朝太仓籍的王世贞自少年起就屡经漕河北上，多达十数次漫长艰辛的旅程，多与仕途的跌宕沉浮相纠缠，使得王世贞早有将这一水路旅程图绘出以纪念其饱经风霜的宦游的心愿。万历二年（公元1574年），王世贞接到朝廷通知赴京上任太仆寺卿（今交通运输部部长）。于是，王世贞邀好友钱穀沿漕河一路北上到广陵（今扬州），绘制了32幅运河图景。抵达广陵后，钱穀的学生张复与王世贞一同北上，又作图景52幅。此后钱穀将张复所作图画加以润色，与之前图景共计84幅一同构成了《水程图》。

　　这幅画作是《水程图》的起始之作，绘制于王世贞北行的起点——小祇园。小祇园即弇山园，是王世贞家的私人宅邸，被美誉为"平地起楼台，城市出山林"，"东南第一名园"。

　　相传孔子曾驻足于此，留下"逝者如斯夫，不舍昼夜"的千古浩叹。明代"借黄行运"后，由于吕梁地势险恶，许多船只在此触礁翻沉，船夫们到此总要祈求河神保佑。

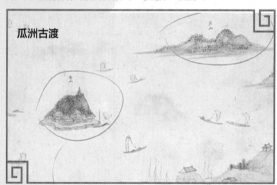

　　瓜洲古渡口指长江和京杭运河交会口的南岸渡口，最早位于江中心，后来由于江中的流沙不断淤积，到唐代中叶，瓜洲已与北岸相连。

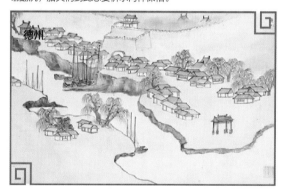

　　因河南、河北、山东、江苏、安徽等九省进京的水路、旱路均需经德州段运河，因此被称为"九达天衢"。

　　扬子津是长江和京杭运河交会口的北岸渡口。由于再向前是淮河口，就进入到水患频发的黄、运相叠河段，可谓是开始真正过江北上运河之旅的最后一处欢愉之地。

　　通州指今北京市通州区，为水陆进京必经之地，是通惠河的北端起始点，也是王世贞北上旅途的终点。抵达通州后，王世贞被任命为都察院右佥都御史督抚郧阳，《水程图》的故事也到此终止。

苏鲁黄河文化圈

2 大运河文化线路

7 黄河故道文化线路

苏中运河文化圈

8 六朝文化线路

10 里下河水乡
文化线路

图 例

■■■■■ 长江文化线路
■■■■■ 大运河文化线路
■■■■■ 沪宁百年复兴文化线路
■■■■■ 盐海文化线路
■■■■■ 江南水乡文化线路
■■■■■ 张謇垦牧文化线路
■■■■■ 黄河故道文化线路
■■■■■ 六朝文化线路
■■■■■ 胥河文化线路
■■■■■ 里下河水乡文化线路

1 长江文化线路

9 胥河文化线路

5 江南水乡线路

江苏历史文化线路示意图

对中国建设文化线路的借鉴

文化线路作为近年来热门的线状文化遗产类型，得到了很多国家和国际文化遗产保护组织的高度重视，其内涵、定义在多个国家被不断丰富和拓展，但基本共识仍然得以保留，即强调文化线路是拥有特殊文化资源集合的线形或带状区域，有着丰富的物质和非物质的文化遗产族群。

中国作为世界文明古国中唯一没有文化中断的国家，分布了不同时期、不同类型、不同形态的线状文化遗产廊道，且这些文化廊道纵横跨越华夏大地，如长江、长城、黄河、大运河等已经成为中华民族的精神标识与文化符号，携带着华夏儿女最深刻的文化基因和最深层的文化记忆，是今天延续历史文脉、弘扬民族精神和坚定文化自信的重要载体。为此，2021 年 8 月 8 日，国家文化公园建设工作领导小组印发了《长城国家文化公园建设保护规划》《大运河国家文化公园建设保护规划》《长征国家文化公园建设保护规划》，拉开了国家层面的建设线状主题文化公园的序幕。

对标西方国家语境中的文化线路，中国的国家文化公园既可以认为是一条条跨区域和跨流域的巨型文化线路，又是包含了许多条不同主题、不同长度线路的文化线路。例如，国际上公认的中国第一条文化线路是 2014 年列入世界文化遗产名录的中国大运河，其流经今天中国区划的 6 个省、2 个直辖市，将海河、黄河、淮河、长江和钱塘江五大水系连成了统一的水运网，是中国历史上南粮北运、商旅交通、军资调配、水利灌溉等用途的生命线，串联了丰富的文化遗产，既有沿河兴起的城镇及其各类建筑，又有码头、仓库、船闸，还有桥梁、堤坝等，形成了在中国乃至全世界范围内罕见的大型线性文化遗产。又如，长征国家文化公园以中国工农红军第一方面军（中央红军）长征线路为主，兼顾红二、四方面军和红二十五军长征线路，涉及福建、江西、河南、湖北、湖南、广东、广西、重庆、四川、贵州、云南、陕西、甘肃、青海、宁夏 15 个省级行政区，包含了十余条不同路径和主题的文化线路。

近年来，中国各省份也开始依托国家文化公园的试点建设，同步开展了各自省内的文化线路研究和建设。以江苏为例，结合江苏历史地理格局和历史文化名城、名镇、名村（传统村落）、历史文化街区（历史风貌区）、历史建筑等各类历史文化资源分布情况，以资源分布密集程度、历史文化价值传承有序、当代历史文化利用呈现等为原则，已经筛选出长江、大运河、串场河—范公堤文化线、江南水乡线、里下河水乡线、张謇垦牧线、沪宁百年复兴线、淮河—黄河故道等不同主题的文化线路，并以此推动区域一体化融合发展、提升城乡空间人居环境品质和魅力特色空间建设。

沿海文化圈

4 盐海文化线路

6 张謇垦牧文化线路

复兴文化线路

3 沪宁百年复兴文化线路

参考文献：
[1] 国际古迹遗址理事会. 关于文化线路的国际古迹遗址理事会宪章 [C]. 国际古迹遗址理事会第十六次大会，2008.
[2] 华高莱斯. 世界著名文化线路 [M]. 北京：中国大地出版社，2021.
[3] 丁援. 文化线路：有形与无形之间 [M]. 南京：东南大学出版社，2011.

碰撞中的历史型街区更新

□ 整理 姜克芳

　　历史型街区作为城乡历史文化遗产荟萃之地，普遍位于历史城区或老镇区之中，它既包括国家法定的历史文化街区、历史地段，也包括城市政府自行划定的历史风貌区、传统风貌区。在快速城镇化阶段后的城市更新时代，作为承载城市历史记忆与遗产的密集区，在消费主义和流量经济盛行的当下，历史型街区作为稀缺资源和文化标签的价值属性被重新认知。通过更新推动历史型街区的物质空间改善、赋予其新的功能业态成为普遍选择，可以说，历史型街区的更新正处于时代的浪潮之中。然而，由于街区类型、区位地段、政府财力、社会需求的显著差异，其更新虽有共识，却难有统一的模式与路径。在追求活态保护的目标之下，文化保护与流量经济、社区生长与外部干预不断碰撞，展现出的冲突与融合是我们观察的窗口，而结构性的问题始终存在，关键在于我们如何协调和约束。

▌精致化的公共场所

议事厅　小游园　活动场地　小广场

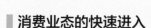

▌消费业态的快速进入

咖啡　美食　酒吧　购物

▌变化的社群构成

创业者　打工人　原住民　观光者

▌本地化的尝试

非遗作品　文化体验　活动　社区营造

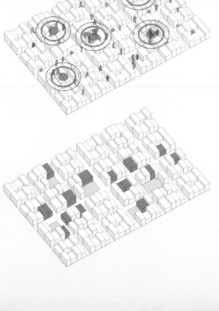

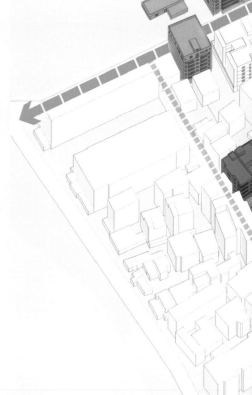

恩宁路历史文化街区更新

在广州恩宁路历史文化街区（永庆坊街区），永庆大街上岭南风情的招牌、装置，街巷里的青砖绿瓦，来来往往的文艺青年、老广、小孩共同构成了展示广式生活的场景。

文化保护与流量经济的碰撞

历史元素为网红化的场景营造提供条件

为提升街区的活力和魅力，尤其是对城市年轻群体和新兴消费群体的吸引力，当下历史型街区的更新都在努力适应流量经济的趋势。通过营造网红化的场景，形成网红热度，以线上流量带动线下破局，成为许多历史文化街区更新过程中的有效策略。

要营造网红化的场景，"历史元素 + 网红业态 + 视觉化表皮"就是已经被证明的商业公式。以"网红街区"为关键词，在小红书中能搜索到 2 万多条相关笔记，大众点评、微博等平台也充斥着各种场所推荐。"网红化"的空间加"网红化"的业态也就成为更新改造的标配。百年古宅里，摩登女郎正在吹着冷气喝着咖啡；复古屋檐下，店家正在叫卖着价格不再低廉的怀旧小吃；画着墙绘的街区里，游客比商户多，商户比住户多，但最多的还是自拍的人。这样的场景，我们在北京的南锣鼓巷、南京的夫子庙、上海的新天地、成都的宽窄巷子、广州的永庆坊、重庆的十八梯都能见到。具有集体记忆和历史感的场所，为网红场景的营造提供了极为有利的标签和背景。

传统文化在新媒介的推动下得以传播与创新

历史型街区的更新，更为重要的目标是要实现传统文化的延续和当代文化的重塑，而新的媒介是文化传播的可见助力。一方面，借助新媒介的传播与引流，展现地方记忆的博物馆等场所显著扩大了受众群体；另一方面，新媒介让人们能重新看见、听见、触摸到传统文化，给人们带来沉浸式体验。

更新后的历史型街区，作为"场景"本身就是一种新媒介。消费场景活动作为一种仪式能激发起市民的集体记忆，有助于在集体记忆中增强对本地文化的认同感。例如，更新后的永庆坊，西关打铜、广彩、广绣和骨雕等广州传统文化和民间工艺项目纷纷进驻，虽有所争议，但融入了艺术、科技、文创等元素的这里已经成为感受广州传统街巷氛围和生活方式的文化新地标。再如，更新后的陶溪川，由工业遗址、陶瓷作品集市、陶艺匠人共同构成一种可供体验的场景，在社交媒体作用下，通过年轻"景漂"创业者的转化，根植陶瓷、展现青年创新的本地文化也正在产生。

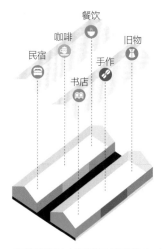

南京秦淮区小西湖历史风貌区，传统民居的空间形态搭配咖啡、餐饮、手作、旧物等消费业态，成为城市新兴的网红场所。

小西湖历史风貌区更新

如何通过更新打造"爆款"历史型街区

文商旅融合——打造都市圈周末微度假目的地

历史型街区的边界正逐渐被打破，成为不少都市人周末微度假的选择，是富有生活气息的居住街区，是满足新潮购物的商业街，也是周末休闲度假的景点；是外地游客、网红打卡新地标，也是本地居民日常逛街购物休闲的新选择。文商旅融合已成为历史型街区打造的新趋势，恢复部分街区原有功能，作为传承历史文化的载体，另一部分则被改造为精品民宿酒店、品牌店铺甚至是高端住宅。

业态配置"内外有别"——老字号与新势力有机结合

历史型街区的业态设置也正在革新，其功能、客群更加复合。街区很多历史建筑原本并不适合商业使用，且街区不同区域在通达性、人流渗透性等方面区别明显，因此在业态设置时应遵循"内外有别"的原则。展示面更好、人流更聚集的外街部分可设置适合引流的休闲餐饮、咖啡饮品、品牌体验型店铺等，相对较为安静的内街可设置对环境要求更高的文化体验类店铺或改造为兼具文化零售、餐饮功能的民宿酒店。在品牌选择上，应当新老结合，让老字号品牌重获新生、帮助新势力消费品牌打造特别门店融入老街。

从店长到主理人——挖掘当地特色品牌和青年文化代言人

传统的店长只是一份工作，主理人身份则延展出更多个人兴趣表达，代表了一种生活方式和文化。主理人的气质各异，店铺的独特气质也随之被体现出来。历史型街区在引进新品牌时，一方面选择成熟的连锁品牌，打造街区概念店，自带话题和客流；另一方面，街区要想形成独有特色，还需深入本地，挖掘当地的特色品牌，特别是受年轻人欢迎的品牌。让这类品牌进驻街区，引入年轻的新文化、新生活方式，通过品牌主理人凸显街区特质，从而也助推了地区青年文化的发展。

强化公共区域空间体验感——还原完整街区肌理

上海的网红街区安福路、武康路早已突破城市概念，成为全国人民热衷的打卡地标。网红街道的魅力除了网红店铺，还有街道空间的氛围，都市丽人、梧桐树、自行车、鲜花、萌宠等一起成为街道最美的风景线。在历史型街区打造中，建筑相对受限，公共空间的挖掘就变得更为重要。通过设计强化空间的记忆点，举办集市、音乐戏剧、文化分享等各类活动，加强对公共区域空间的体验打造，为游客提供更多的打卡点。

保留建筑原样实貌——延续空间历史记忆

在改造中保留街巷格局和历史建筑，对历史建筑仅作修缮处理，既体现历史信息的真实性，让人感受到原汁原味的街区文脉，又赋予其新的使用功能与强度，适当增添新的功能性建筑，承担更多商业功能；并通过立面改造等手段，保持界面的连续性与完整性，使新老建筑在传统街区中和谐共存。一方面合理利用历史资源，另一方面适当增加商业服务配套，保证居民居住权益与游客深入了解历史的双重需求。

衣裳街历史文化街区更新

湖州衣裳街依附著名的苕溪而兴，集中反映着湖州清末民初传统城市商业文化、传统水乡居住文化和传统江南城市风貌。这里浓缩了千年人来人往的繁华与兴衰，书写着湖州城千百年的历史。但改造前的衣裳街商业街氛围已无法满足新消费的需求，改造后的衣裳街引入焕新老字号、市集、咖啡馆、潮流品牌、连锁品牌等新的业态与品牌，现如今已是湖州网红打卡地，从单纯旅游角度的"观光"游向多元化的"休闲、体验"游转变。

日本下北泽，常年被评为"年轻人最想居住的城市"。下北泽站前地区共有6条商业街，这里随处可见自行车车行、古着屋、古书屋、复古商店、不同寻常的专卖店、年轻艺术家和工匠的小精品店等。下北泽还有着"音乐街道"的美称，二手唱片行、Live House林立，每年7月中旬还会举行盛大的下北泽音乐祭。独具个性的商家和当地居民守护着街区的各种文化，下北泽的街区特色和文化影响力日趋显现。

下北泽站前地区更新

资料来源：李开运，华天民.年轻人重返街区,如何打造下一个小红书爆款历史街区[EB/OL].RET睿意德微信公众号.(2021-08-10)[2022-12-26].https://mp.weixin.qq.com/s/Jvq5S-KlqUZlOKyfZg_ODA.

社区生长与外部干预的碰撞

原生社区成为塑造人文景观的重要本底

历史型街区本身作为一个社会单元，居民出于维护自身权利、改善生活环境等目的，会致力于推动社区的更新与生长。然而，当下的历史型街区更新多倾向于通过大量外部资源的注入实现外部干预，使得街区的业态朝着主导者所期望的方向演化。而这种方向是从城市层面来判断和选择的一种共识，这种共识从城市整体来看就是塑造被需要的人文景观。

要塑造有辨识度的人文景观，就不能脱离历史型街区的社区本底，对物质空间及依附其上的生活方式进行保留并平稳重构就是必然选择。例如，深圳南头古城更新，城中村的肌理得以完整保留，仅对十字主街沿线的建筑进行统租改造，大规模保留了约 3 万人的社区生活本底，经过基础设施和公共空间的改造提升，"现代化城中村"人文景观得以逐步塑造。

外部要素流入驱动社区的自主更新

在推动历史型街区更新的初衷里，实现社区自主更新和生长是必然要义。对于很多陷入人口流失、物质环境衰败困境的历史型街区，外部的干预就是激发社区自主更新的必要条件，只有吸引外部要素（人群、资本、商业、游客）的适当流入，才可以为自主更新找寻到可持续的经济路径。

外部要素的持续流入，一定是以文化为核心的生态正在形成，并对与之相近的人和要素有相当吸引力。例如，深圳南头古城通过持续引入有文化调性和故事的商户，吸引文化、创意、艺术类企业和人才进驻，持续开展文化策展、文化创意和艺术类市集等活动，对品质人文生活方式、产业生态有追求的人和企业也就会应势聚拢。外部要素的流入还可以激发居民真实的发展需求。再例如，扬州仁丰里的更新改造中，政府通过投入资金改善人居环境带动了一批居民的自主更新。

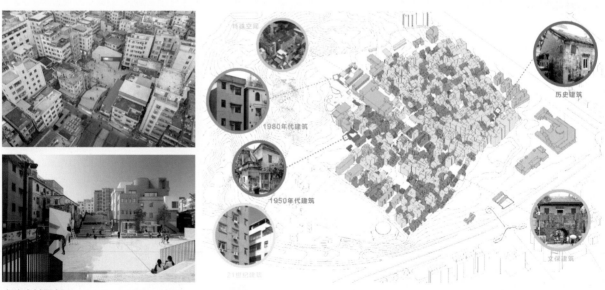

南头古城更新

深圳南头古城，作为提供价格低廉出租房和低门槛多样性在地就业机会的城中村，如果没有外部要素的流入和干预，其人居环境的改善将沿着既有演进路径不断发展。高密度的"握手楼"群、超高密度的人口集聚、流动人口成为社群主体将是社区的核心画像。正是主要轴线更新、部分业态引入，使得古城的演化路径有了新可能。借由丰富的业态和双年展为代表的文化艺术活动，南头古城吸引了青年艺术家、新锐创意人、潮流青年群体等社会中坚力量，极大地丰富了古城的人口结构，为古城未来的可持续发展提供了人才动力。

住房和城乡建设部公布的数据显示，截至 2022 年底，全国共划定历史文化街区超过 1200 片，确定历史建筑约 5.95 万处；与 2016 年底相比，历史文化街区的数量翻番，历史建筑增长近 5 倍。

全国各省（直辖市、自治区）省级历史文化街区的数量

浙江
广东
江西
四川
山东
陕西
江苏
湖南
北京
福建
上海
湖北
重庆
河北
广西
云南
安徽
山西
甘肃
河南
内蒙古
贵州
天津
江宁
黑龙江
辽吉林
青海
宁夏

111
104
82
74
60
57
56
53
49
49
44
41
39
37
36
34
34
30
26
25
22
20
20
19
18
9
4
1

注：源自网络公开资料整理，数据截至 2023 年 2 月 26 日。上海为历史文化风貌区、天津包含市级历史文化街区和历史文化特色风貌片区、重庆包含市级历史文化街区和传统风貌区。

思考：文化与社区的发育是历史型街区更新的初衷

历史型街区更新的过程中，问题和冲突始终存在。一味遵循流量经济的规律，只注重对注意力份额的争夺，依赖于打造网红化的空间，会带来历史型街区的同质化，成为相对平庸的"消费空间"。只关注传统文化载体的保护与历史记忆的展示，则难以为青年群体、文艺群体提供生活创业的土壤，失去创造性发展本土文化的可能。政府的兜底式干预，则容易让居民进入等待拆迁或补贴的心态，忽视自主更新的权利与责任，形成了一种广泛的路径依赖，使得社区的自发更新进入停滞。为保护历史文化遗产，选择搁置或冻结历史型街区的物质空间改造，社区的自我更新也就难寻路径，人口与物质空间的衰败也就不可避免。在处理这些矛盾与紧张的时候，应该思考的是如何保持推动传统文化的延续和当代文化的重塑、激发社区的自我更新与生长的初衷。

过度依赖流量经济

过度强调单一保护

政府的兜底式干预

搁置或冻结物质空间改造

发掘城市中与文化相近、相亲的可用力量

引入更有活力的文化创新群体。在景德镇陶溪川历史文化街区更新过程中，将 3 万多名"景漂"作为空间设计、业态布局的出发点。街区内可容纳 83 个铺位的"邑空间"，免费提供给年轻的创业者、艺术家作为展示销售空间，不收租金、统一装修、统一管理；同时，在二期预留可容纳更多本地青年人创业的众创空间等场所，为根植本地的产业群体提供空间，他们将会为陶溪川街区乃至景德镇陶瓷的 IP 发展持续贡献智慧和力量。

链接根植本地的文化群体。在扬州仁丰里，对于收储、租赁的约 35 处房产，则重点以出租的方式对接引入扬州市本地的非遗传承人，打造非遗工作室 27 家，避免了商业化和同质化，找寻新兴业态与传统文化之间的契合点。自启动保护更新工作以来，政府以 3000 万元的财政投入撬动了民间小微资本 6000 多万元，投入到传统民居的修缮、更新中。这样的保护更新为历史文化街区引入了更具创造力的文化群体，他们融入本地化的生活网络，会在未来推动街区的持续演进。

更新前

更新后
仁丰里历史文化街区更新

构建以文化为核心的生态。在深圳南头古城业态打造中，注重增添创新创意的文化元素，引入具有本地或港澳特色、历史底蕴，或与科技元素、创新文化艺术相关的商业类型，如本地老字号、港澳特色餐饮、怀旧零售、非遗文化体验、设计师集合店等，特别是有故事、有情怀、能够体现同宗同源或深圳本土精神的商户。引进设计创意类产业办公，打造深港文化创意平台，吸引具有影响力的创意行业协会，汇聚粤港澳大湾区文化创意类头部企业和人才，培育及推动深圳文创产业和发展，营造展示、销售、创作于一体的产业模式；在居住方面，打造多元化品质青年公寓，为来深奋斗的年轻人提供高性价比的租赁空间，满足不同客群的需求。

27 家
非遗文化工作室

24 名
非遗人才

68 名
常驻人才

200 名
创客

扬州仁丰里历史文化街区，民居经修缮后成为格桑花作家工作室。自 2013 年起，街区先后引入非遗文化工作室 27 家、各类非遗人才 24 名、常驻人才 68 名、创客 200 多名，引导形成了浓厚的历史文化保护利用社会氛围，避免了街区发展的过度商业化和同质化，增进了广大市民对历史文化的价值认同，丰富了居民的业余文化生活，也培育了街区内生发展的新动能。

景德镇的"景漂"、扬州的非遗大师、深圳的文化从业者，都是城市中与文化相近、相亲的力量，他们与历史型街区的组合可以碰撞出新的故事和生命，发展出新的事业和生活，是重构历史型街区社群结构的重要力量，是社区营建和生长的关键。

实际上，每座城市都有一群文艺青年，也有一批文化相关的从业者，历史型街区更新需要聚合他们的力量，用个体的多样性来丰富街区的生态，引致出自媒体时代的新流量。需要思考的是如何为他们在历史型街区创业发展提供空间载体、提供政策支持、营造良好氛围。

恩宁路历史文化街区更新

政府主导、企业承办、居民参与的更新模式

恩宁路历史文化街区的改造采用政府主导、企业承办、居民参与的模式。

政府主导。在初期"大拆大建"和"减量规划"阶段，政府已经完成了对永庆片区房屋的征收和拆迁工作，除了12户居民以外，政府拥有了片区辖内所有房屋和土地的所有权。在永庆坊"微改造"模式中，政府建立起以"引入社会资本""搭建协商平台"和"保障公共利益"等内容为主的主导机制。

企业承办。根据政府与企业签订的BOT协议，万科在"微改造"建设结束之后将享有15年的运营期。在此期间，万科物业统一管理永庆坊服务中心，享有入驻企业的招商、管理入驻企业、活动策划等权限。

居民参与。居民可以通过多种途径参与地区更新：第一种是在遵循相关规划要求的前提下，居民自行改造住屋；第二种是居民可将物业出租给开发商运营，或自行出租获得收益；第三种是由政府征收，居民获得资金与置换居住空间。

保留样式、更新材质的街巷和建筑修整

| 路面铺设 | 线缆入地 | 立面翻新 | 风貌强化 | 设施改善 |

路面重新铺设，房檐下交织的线缆全部埋入地下，社区卫生、排水、照明、消防、通信等配套设施也大为改善。道路沿线重新铺设了深灰色的人行道花岗石、盲道及路缘石，原汁原味地保留着岭南特色风貌。大部分建筑在保留原有立面样式的基础上替换为灰色调的砖块，个别建筑则采用白色金属框立面和外墙进行装饰，部分商业建筑添置了新型的外凸窗，部分建筑增设了阳台围栏，并铺设了瓦片，旨在强化岭南建筑整体风貌特色，保留岭南传统民居的空间肌理特点。

除可经营场地外，永庆坊还保留至少12户原住居民日常生活的住所，浓浓的生活气息与时尚的商业形象相交融，也形成了永庆坊独有的文化特质。

引入文化相关业态

| 文化创意 | 精品民宿 | 创意轻食 | 粤剧艺术 | 非遗街区 |

通过导入新业态，注入产业造血功能。已开业运营的永庆坊一期吸引了近60家文化创意、精品民宿、创意轻食、文化传媒等商户和企业，成为青年创客的聚集之地。保留广州西关骑楼原有的底层商业与二层联动的经营方式，永庆坊很多店面一楼以展示和销售产品为主，二楼则是一个制作工场体验区，充分联动上下层商业空间。

永庆坊还曾经是粤剧名伶的聚集区，有着很深的粤剧文化底蕴。为满足周围老百姓的精神文化需求，永庆坊新建了一座仿古园林式的粤剧艺术博物馆。作为西关文化和非遗文化的集合地，永庆坊还打造了"广州首个非遗街区"，囊括"广彩、广绣、珐琅、榄雕、醒狮"等十余个非遗文化项目。

审慎把握干预社区更新的尺度和方式

避免兜底式干预带来社区自我更新的停滞。在南京小西湖的更新实践中，地方政府通过大量财政投入推动更新改造，虽然能产生较好的空间效果和社会效益，但政府兜底式投入既鲜有回报，又难以持续。由于更新后整体商业体量较小，难以形成规模化的文旅消费，更新后的收益情况不理想。一方面，引入的多是网红的餐饮、文化体验型业态，其经营者与本地社区、城市青年群体的联系并不紧密；另一方面，无论是等待征迁还是与政府合作，没有高额补贴，社区内的自发更新与再生产几乎不可能发生。大包大揽的财政投入会使得原住居民、原产权人的真实需求被掩盖，因为"钱"而妥协搬迁，因为看到"钱"而选择留下，造成生活、业态与文化的多样性丧失；兜底式导向的更新方式与路径会使得历史文化街区失去其生命力。

适度的微更新可以催生真实的发展需求。在扬州，仁丰里历史文化街区保留了绝大多数的原住居民，仅对原产权人已无力或无意愿继续维护的危房、旧房、空置房进行收储或租赁。同时，持续投入资金进行强弱电线网改造、给水排水管道改造、口袋公园建设，改善基础设施、提升居民日常居住体验，总体上延续了古城小巷的生活氛围。

在宜兴古南街，政府通过对街区入口、重要节点、街巷的公共环境进行提升，完善水电、雨污管网等基础设施，补全公厕等服务设施，吸引了年轻陶艺工作者以及在此生活和工作过的紫砂名家追根溯源、回归创业，房屋更新改造的需求也就被激发出来，在整体的风貌和风格引导下，街区通过小规模、渐进式更新，既保护了街区风貌，也彰显了内在文化价值。

参考文献：
[1] Flora.历史文化街区网红化的当下[EB/OL].Gobeyond无奇不游.(2020-09-08)[2023-03-06].https://mp.weixin.qq.com/s/JfMtxDKB8ybJEUNU2G-3ug.
[2]张松.历史城区：从保护居民到被保护——城市文化基因的消亡[J].城市规划,2013,37(3):89-92.
[3]刘桂茹.场景的"再场景化"：新媒介时代文创街区的媒介形象建构与传播[J].福建论坛(人文社会科学版),2020(2):65-73.
[4]鲁安东.回到场所谈城市更新[EB/OL].(2021-12-04)[2022-12-26].https://mp.weixin.qq.com/s/ayq0Y4wltgPA8ZuY4SrmHQ.
[5]城市中国杂志.城市更新"网红化"[EB/OL].(2022-01-03)[2022-12-26].https://mp.weixin.qq.com/s/Lqsf6hl_AY_n1dS7L73Q_A.
[6]第一太平戴维斯.2020城市更新白皮书系列：历史文化街区的活化迭代[EB/OL].(2020-11-16)[2022-12-26].https://max.book118.com/html/2020/1116/7005111036003020.shtm.
[7]陈洁.西方城市更新中的文化策略——以伦敦和悉尼为例[J].国际城市规划,2020,35(5):61-69.
[8]胡航军,张京祥.历史街区更新改造的阶段逻辑与可持续动力创新——以南京市老城南为例[J].城市发展研究,2022,29(1):87-94.
[9]万婷婷.社会可持续视角下的历史街区保护更新策略——以法国图尔为例[J].城市发展研究,2021,28(1):94-103.
[10]王承华,张进帅,姜劲松.微更新视角下的历史文化街区保护与更新——苏州平江历史文化街区城市设计[J].城市规划学刊,2017(6):96-104.

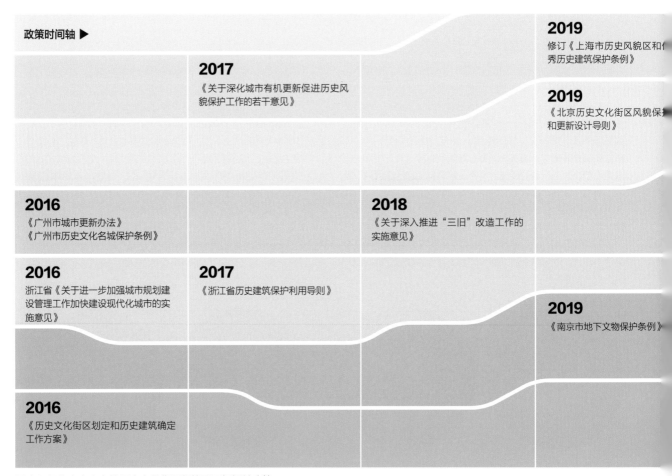

国家和部分省市出台的历史文化街区保护及更新相关政策

法国图尔历史街区更新：缓慢的绅士化过程

　　图尔历史街区通过小范围更新，拆除部分社会住宅、提升城市环境、引入商品房，推动局部贫困人口聚集地的整体改善；同时，将社会住宅强制地"嵌入"保护区新建和改造的住宅体系中，增大原地安置比例并调控多样性住宅比例（社会住宅、小户型住宅、商品住宅等），逐年逐步吸收街区内部的私人住宅，以转换成社会住宅。在规划策略制定中采取人性化方式，充分听取、尊重原居民的意愿，优先考虑弱势群体，让原住居民和新居民共享街区更新和空间改造的成果，增加居民的归属感。通过这样的公共干预，艺术家等创新阶层、中产阶层和学生等群体缓慢地进入街区，从而促进街区的自发转变和更新，呈现出社会选择下的缓慢绅士化。缓慢绅士化过程是温和的，给了原住居民充分的选择权利，也为新居民融入社区留足了时间，避免了对社区人口结构的大幅度冲击，进而给空间、业态、景观带来大尺度的变化。

法国图尔历史街区共和路北片区更新方案

资料来源：万婷婷.社会可持续视角下的历史街区保护更新策略——以法国图尔为例[J].城市发展研究,2021,28(1):94-103.

绍兴仓桥直街历史文化街区更新：以改善居住条件为主的低干预更新

　　绍兴仓桥直街的保护更新不是将居民搬迁出去，而是致力于改善居民的生活条件，对愿意迁出的居民则给予一定的补偿用于购置经济适用房，最终只有 20% 的居民迁出。整体的修缮主要是对建筑立面和石板路进行了恢复，将市政管线入地，拆除违章建筑以及明显影响风貌的建筑等，基础设施完善后居民们也能享受抽水马桶等现代生活的便利。项目本身成本不高，也没有大拆大建，改善了老百姓生活条件的同时还创造了开家庭旅馆的可能性，且租金维持原有水平可以保留许多其他小生意，当地的收入也得到了整体提高。同时，修缮后的历史文化街区作为物质文化遗产还与当地的非物质文化遗产如黄酒相结合，创造了新的业态和增长点。随着街区基础设施的完善，外来观光者的逐步增多，部分居民也乐于改善建筑和家庭设施，以提供住宿、餐饮等服务，带来家庭收入的增长。

绍兴仓桥直街街巷更新后

上海	2021《上海市城市更新条例》	2022《上海市城市更新指引》	2023《上海市城市更新操作规程》
北京	2021 修订《北京历史文化名城保护条例》	2022《北京中轴线文化遗产保护条例》	2023《北京市城市更新条例》
广东	2020 州市《关于深化推进城市更足进历史文化名城保护利用工作指引》 ／ 2021《广东省历史建筑和传统风貌建筑保护利用工作指引》《广州市城市更新条例》		
浙江	2020 浙江省历史文化名城名镇名保护条例》	2022《杭州市历史文化名城保护条例》	
江苏	2020 于展居住类地段城市更新的导意见》	2022 江苏省《关于在城乡建设中加强历史文化保护传承的实施意见》《南京历史文化街区、历史风貌区、一般历史地段保护规划工作规程》	2023《关于加强保护传承营建高品质国家历史文化名城的实施意见》《关于进一步加强老城风貌管控严格控制老城建筑高度规划管理的规定》
国家	2020 房城乡建设部《关于在城市新改造中切实加强历史文化坚决制止破坏行为的通知》房城乡建设部和国家文物局发《国家历史文化名城申报助办法（试行）》 ／ 2021 住房城乡建设部《关于进一步加强历史文化街区和历史建筑保护工作的通知》中共中央办公厅、国务院办公厅印发《关于在城乡建设中加强历史文化保护传承的意见》		

图例　上海　北京　广东　浙江　江苏　国家

我在古城修民居

□ 整理 庞慧冉

习近平总书记高度重视历史文化保护传承，2023 年 7 月在苏州考察期间，专程来到平江历史文化街区，进入传统民居改造的文创商店与商家亲切交流，指出"到处都是古迹、名胜、文化，生活在这里很有福气"，"要保护好、挖掘好、运用好，不仅要在物质形式上传承好，更要在心里传承好"。

传统民居作为历史文化名城、历史文化街区和历史地段的重要基底，是承载原住居民生活、活态传承历史文化、营造当代"有福气"生活的核心空间载体，保护修缮和活化利用传统民居意义重大。但由于其产权复杂、弱势群体集中，民居的功能性更新难、成本高，面临一系列复杂的政策制度堵点，一直是保护更新的难点，更新目标清晰而路径难寻，点状更新项目可行而面状问题解决至今仍缺乏成熟模式和路径。

本文以苏州为例，深入具体而微的个案与实操主体——原住居民、政府平台公司苏州古建公司、社会资本方东升里，挖掘更新中的真实问题、实施难点，反映各类参与主体的更新动力、多元诉求和艰难探索，以微观切面反映历史文化遗产中的民居更新宏观面貌，以期为传统民居更新提供参考。

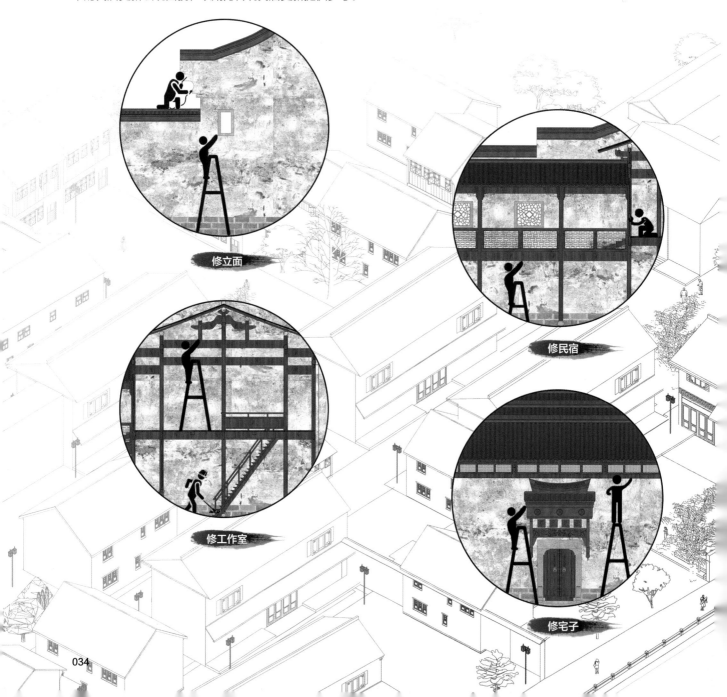

修立面

修民宿

修工作室

修宅子

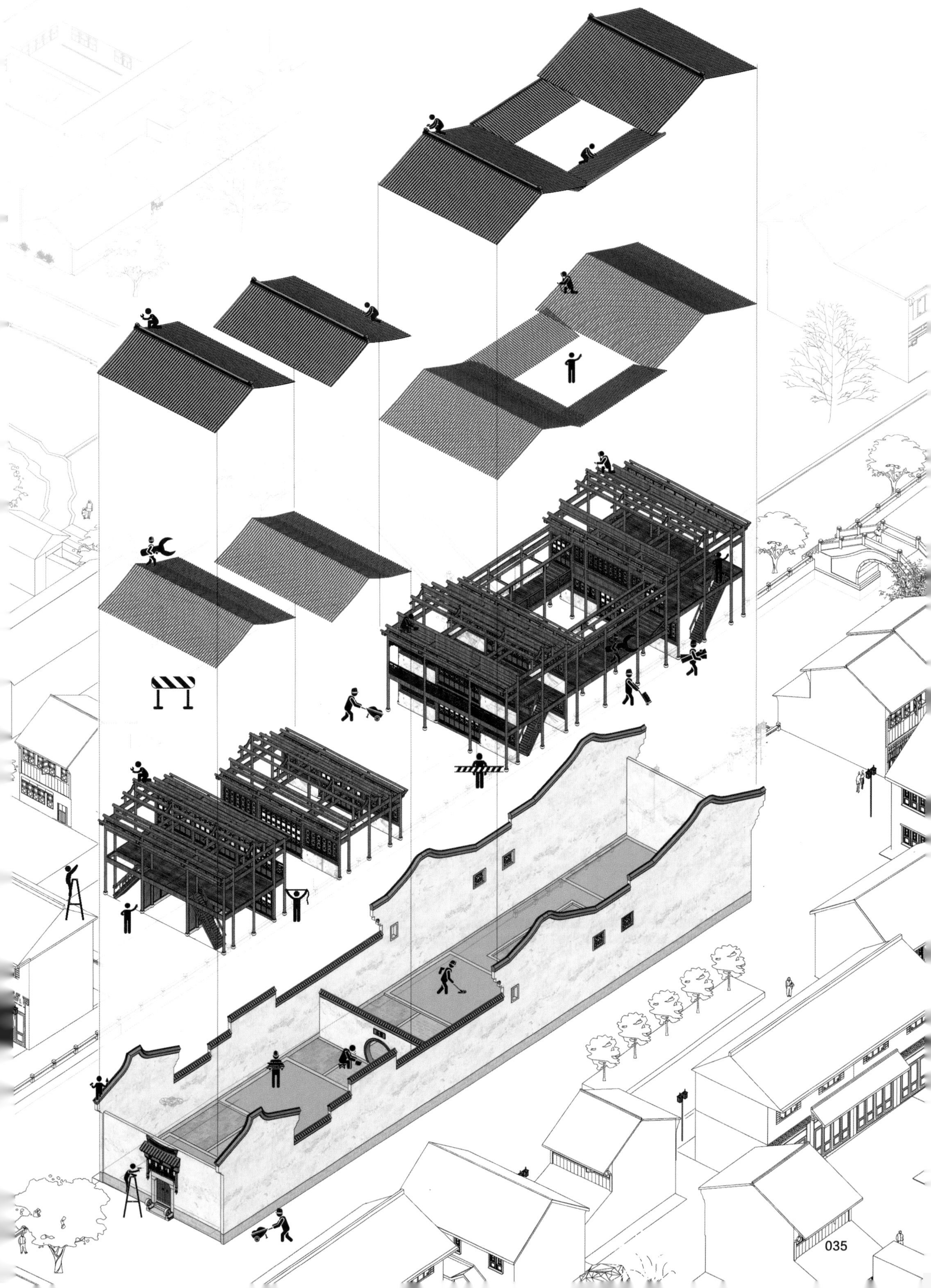

理发店房主翻建房屋的烦恼

原住居民生活方式是历史文化街区、历史地段乃至古城中重要的活态遗产，保持一定比例的原住居民，有助于延续传统生活观念、邻里关系、习俗礼仪等，可以最大限度地保护社会结构的稳定性和传统文化。因此，将历史文化保护的关注点转移到"人"，在尊重居民意愿和需求的基础上，让居民从"旁观者"变为"参与者"，推动原住居民渐进有序地自主更新，已经成为保护共识。但从各地实践来看，原住居民自主更新项目较少、动力较弱，存在难以统一产权人意见、生存性违法建筑难拆除、居民出资能力弱、百姓专业修缮知识缺乏和精力不足等现实问题。

姑苏区 32 号街坊某理发店房主余女士 2022 年实施并完成了自有房屋的翻建。不到 2m 的巷子口，不起眼的玻璃门上张贴着免费理发的通知，不时有老人进进出出……开了 20 年的理发店，改造后还是熟悉的苏州味、浓浓的生活感，粉白墙、青灰瓦、花墙头。但谈起房子的更新改造，房主余女士有一肚子的话要说。

房屋信息牌

保护等级 具有苏州传统风貌特征的民居（非文控保建筑、非历史建筑），D 级危房，产权证建筑面积约 94 ㎡，实际使用面积 124 ㎡，局部二层。

使用情况 一家共 5 口人居住（一位老人，一对夫妻，一双儿女），一层为理发室和夫妻卧室共 60 ㎡，老人卧室约 15 ㎡；二楼 30 ㎡为其子女卧室（违章建筑）。其他为走廊、厨房等。

产权情况 共有产权，存在产权继承情况，产权人和产权继承人共计 70 多位。

更新情况 建筑局部拆除重建，重建部分主要为二层小楼，其中一层为理发室和卧室共 60 ㎡，二层为其子女卧室（违章建筑）共 30 ㎡，该部分拆除后没有重建。总花费（含硬装）约 20 万元。

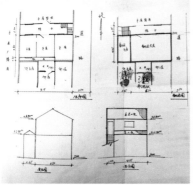

房屋产权证

产权不清，居民履行合法更新手续存在困难

余女士的房屋和其他老宅类似，也历经多代延续，存在房屋产权变更登记不及时，后代继承人众多，产权证或登记簿上的产权人和真实使用人严重不符的情况，其房屋产权证上的登记时间是 1988 年，共有权人共 6 人，分别是余女士的公公，以他的 2 个兄弟和 3 个姐妹，历经 4 代人，当前房子的产权人和合法继承人一共有 70 多位。

当前，房屋产权人中 5 位老人均超过 80 岁，其中 2 位及其家属已不在国内，另一位老人已经去世，其子女已不在苏州生活，大多数产权人及其后代难以取得联系。

根据《苏州市房屋使用安全管理条例》，房屋结构改造安全行政许可是危房改造的前提，明确涉及共用部位的，应提交共用人同意的书面证明。面对产权人数量多、分布散、联系难的情况，普通老百姓往往难以有能力推动产权人形成统一意见，常常在合法改造的"第一步"就被难住了。"社区的人通知我翻新工程开始前需要到街道办理翻建手续，需要提供房屋产权人的签字同意书，这就难倒我了。但是房子还得干，我就自己围起来干了（违规翻建）。"

确权登记等历史遗留问题需要政府协助解决，为居民提供相关法律支持和服务，实现土地归宗与产权重组，为更新改造提供清晰的产权基础。

生存性违法建筑普遍存在，居民更新意愿不足

余女士家的房子是 D 级危房，改造前潮湿阴暗，存在结构安全隐患，同时考虑到理发店也需要一个更好的环境，余女士决定进行房屋翻建。在工程建设过程中，理发室楼上的两间卧室因属于违法建筑而被拆除。

> 我现在非常后悔翻建这个老房子。翻建前，我家楼下一共 90 ㎡（建筑面积），其中 60 ㎡ 是这个临街的小理发店，我们家都靠它生活。还有 30 ㎡ 是我们夫妻俩和我公公住的地方，有 2 个卧室、1 个洗手间、1 个厨房，吃饭就在理发店里，已经很紧张了。楼上是我女儿和儿子的 2 间卧室，一共 30 ㎡。
>
> 我孩子们的卧室被拆了之后，我们家现在 5 口人相当于挤在一个 30 ㎡ 里面，儿子和我公公挤在一个卧室，我女儿住在厕所门口的过道，没有窗户，床很短，只有 1.5m 长，她现在 12 岁勉强能睡，再长大一点就没法睡了。
>
> 我多次去社区争取，希望能恢复我楼上的 2 个卧室。我不要产权，只要给我用，我交租金都行。但是社区说也没办法解决，早知道翻新房子我孩子卧室要没了，我绝对不会翻建。

理发店内景

苏州古城内，像余女士家这样的生存性违法建筑普遍存在，民居老宅人口众多，往往为了改善生活增建房屋和设施，如增建厕所、为子女增设卧室等。

对于违法建筑的认定，各地大多以《中华人民共和国土地管理法》的颁布时间和地方相应审批机关实际履行审批职能时间为准，大多集中在 1987 年前后。诸多增建于 20 世纪八九十年代的生存性违法建筑翻建必须被拆除，使得本不宽裕的房屋更加紧张，降低了居民改造积极性。

在违法建筑和居民迫切需求的二选一选择题之间，或许还有替代方案。借鉴常熟市历史文化街区使用权集中的经验，以街坊为居民房屋调整单元，在保持既有产权关系不变的基础上，通过房屋使用权变更，以"合法面积腾换 + 违法面积租赁"相结合的方式，可就近就地解决居民居住问题。

常熟市历史街区使用权集中

对历史文化街区实施协议搬迁工作后，为满足部分居民原址居住的意愿，常熟市采取集中使用权的方式调整和优化院落居住空间，核心做法为选取部分院落作为腾换类院落，换、租给原住居民集中居住，腾空的院落则进行功能重置，便于集中运营管理。

针对无法提供合法建筑面积的房屋，按 1:1.35 的比例进行认定并提供可供租赁的居住面积（产权归公），同时建立相应的租金浮动机制，切实增加人均居住面积，促进原住居民生活高质量活态延续。具体操作方式如下。

货币化集中（租）： 原房屋出租给街道资产管理企业，租金标准按改造前房屋（住宅）市场租金价格确定，腾空类房屋的租金大致为 20 元 /（㎡·月），租金每 3 年按同类改造前的地区进行调整。

实物化集中（换）： 原住居民将房屋出租给街道资产管理企业，街道资产管理企业就近提供腾换房屋给原住居民。腾换类房屋的租金按照当前直管公房同类房屋标准租金的 2 倍计算，最高为 8.8 元 /（㎡·月）。

对于原房屋面积与腾换房屋面积相比较可能出现的情况，按如下方式进行处理。

（1）原房屋与腾换房屋面积相等，原住居民和街道资产管理企业双方互不结算费用。

（2）腾换房屋超出原房屋面积的，超出部分不得超过 16 ㎡。

（3）腾换房屋小于原房屋面积的，小于面积部分的差额由房主的原房出租获得的租金覆盖。

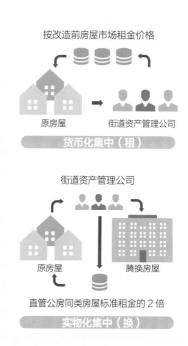

按改造前房屋市场租金价格

原房屋 → 街道资产管理公司

货币化集中（租）

街道资产管理公司

原房屋　腾换房屋

直管公房同类房屋标准租金的 2 倍

实物化集中（换）

弱势群体多，居民出资能力弱

古城民居建设年代久远，多为砖木结构，大部分属于 C、D 级危房。各地房屋使用安全管理条例普遍规定，房屋产权人为危房治理的责任人，负有出资修缮的主体责任。但事实上，古城人口低收入者聚集，年龄结构老化、原产权人经济条件较差。翻建费用均价一般为 3000~5000 元 / ㎡，一次性拿出数十万元费用对于当前以弱势群体为主体的古城和街区居民来说有较大困难，急需低息贷款或资金补贴扶持。

> 我家老房子翻建一共花了 20 万元左右，包含硬装。这几乎是我们夫妻俩这么多年的全部积蓄了，当然这次翻建也是为了理发店面貌能更好、后面经营更好。
>
> 我们家应该是周边这一片为数不多能一次拿出这么多钱翻新房子的，虽然大家房子都很破，但好多邻居连几万元的翻建费用也很难一下子拿出来，只能继续住在危房里。我看城里好多老旧小区都改造了，弄得很漂亮，真希望政府能提供一些低息的贷款或者补贴来帮助我们古城里的老百姓。

但当前江苏省针对私有民居的历史文化奖补引导资金，额度普遍较低，扬州最多能提供 2.5 万 ~4 万元修缮资金，涉及建筑内部等无风貌特征空间改造往往无补贴或补贴更少，对经济情况不宽裕的原住居民，难以起到实质性支持作用。

扬州传统民居修缮补贴政策

扬州市按照"政府倡导、居民自愿"原则，制定出台相应激励政策，通过提供资金、技术支持，引导古城居民在保持古城风貌前提下自主修缮传统民居，结合民居整治修缮实际操作中遇到的困难和问题，先后出台《扬州古城传统民居修缮实施意见》和《扬州古城传统民居修缮补贴标准》，对传统民居自主修缮明确了详细补贴标准（见下图）。

政策明确按照有关单项造价的 30% 予以补贴，补贴总金额最高为 2.5 万元 / 户。与产权人在使用上无直接利益关系的修缮项目（含为保持古城风貌加砌的马头墙、仿古围墙等），可按补贴标准规定的有关单项造价的 60% 补贴。2018~2022 年，扬州市共发放修缮补贴 300 多万元，对古城 160 余户传统民居进行了整治修缮，总建筑面积约 1 万㎡。

扬州古城传统民居修缮奖补标准

在危房改造补贴资金方面，当前各地政府对 C、D 级危房的补贴政策不覆盖独栋私有产权的房屋翻建。以南京危房治理为例，其补贴政策为市、区、责任人按 C 级危房 2:2:6、D 级危房 3:3:4 进行费用分摊，但无论是"片区改造"（秦淮区石榴新村）、"抽户改造"（秦淮区八宝前街 72 号），还是"自主改造"（鼓楼区虎踞北路 4 号），其补贴对象均为"政府组织实施的危房翻建类项目"，多为多层居住楼房，对于古城内独立占地的居民私房自主翻建，尚无相关资金补贴政策。

成片历史空间中的民居，既是具有传统风貌价值的遗产，也是危房、老旧住区，建议在有序疏解古城人口的基础上，对有条件自主改造的民居，加强政府资金补贴支持，推动历史文化相关补贴资金、危房治理政府补贴资金协同，形成对历史文化空间中的民居类危房自主更新的共同覆盖。

改造程序繁琐，居民心有余而力不足

改造工程涉及审批申请、方案设计、材料选购和现场施工监理等，时间长、任务重、工作琐碎，涉及风貌保护专业性较强，其困难超过一般的房屋重建，对于诸多年老的原住居民来说，在无成熟市场提供全过程翻建服务的情况下，往往心有余而力不足。建议针对具体修缮工程，组织提供可选择的设计方案、工程代建队伍、示范建筑修缮等，协助原产权人自主更新。

宜兴古南街为居民提供修缮技术服务

 示范性的修缮建筑

为了向居民提供看得见、摸得着的实际参考，街区率先启动了部分公共建筑的修缮改造，项目修缮工程从房屋空间改造、传统风貌恢复、建筑结构安全提升、保温隔热性能改善等诸多方面，起到了良好的示范带动作用。

 实物构建展示

为让居民清晰便捷地了解房屋保护与改造的具体要求和细节，街区内设置了展览馆，提供建筑营造实物构建 1:1 示范模型，包含木质门窗、梁柱以及空调外机壳等，通过这种方式，向居民自主修缮提供便利的工程技术参考。

 互动式生成设计工具

诸多民居修缮改造往往需要重新设计建筑立面，为有效引导居民自主设计方案与街区整体风貌相协调，街区向居民提供了智能化、互动式的设计工具，居民经简单操作，计算机即可自动生成拟修缮民居建筑的空间形态。

张家老宅改造前后

示范性构建

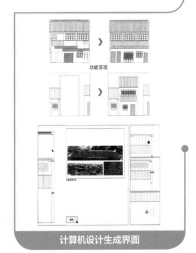

计算机设计生成界面

资料来源：
唐芃，王笑，等.建筑学报[J].解码历史——宜兴丁蜀古南街历史风貌保护与更新中的数字技术与实践,2021(5):24-30.

苏州姑苏古建保护发展有限公司吴经理的"一本账"

由于古建老宅更新改造涉及复杂的前期拆迁、文物建筑修缮、后期运营各环节的专业性工作，且更新资金需求量大，在古建老宅更新项目中往往采用多个政府平台公司，或联合国企、社会资本共同开发的模式。例如，上海一般由上海地产集团负责前期融资，再通过成立项目子公司实施保护建筑修缮，最后通过股权合作方式引入社会资本开展后期运营管理。在苏州遗产资源最为集中的姑苏区，文物控制保护单位（简称文控保单位）的前期拆迁和修缮工作的主体为区属平台公司，目前 438 处文控保单位中由姑苏区平台公司管理的共有 149 处。

由于以上多专业、多主体工作协同需要，往往一个古建老宅项目更新的参与主体多达数个。这导致存量资产在不同主体之间流转和交易，在当前税费适用规定下产生的交易税费过高。中张家巷 29 号更新涉及的税费问题便是典型代表。

建筑改造前（上）后（下）对比图

房屋信息牌
保护等级 中张家巷 29 号共三进，第一进为普通民居，第二、三进为文物登录点。
建筑情况 占地面积 231 ㎡，修缮后建筑面积 267.82 ㎡。
使用情况 修缮前项目作为居民住宅使用，目前已完成修缮，暂时作为招商中心，项目正在招商中。
产权情况 产权主体为苏州姑苏古建保护发展有限公司。
更新情况 2016 年苏州平江历史街区保护整治有限责任公司（简称平江公司）实施协议搬迁，2019 年完成项目腾空。2019 年苏州姑苏古建保护发展有限公司（简称古建公司）作为实施主体负责开展前期手续、修缮建设及装修工程。2020 年 9 月 24 日签订《国有建设用地使用权出让合同》，并于 2020 年底完成修缮和装修，项目竣工后将商业不动产权办理到古建公司名下。

采用产权购买方式，税费成本高昂

中张家巷 29 号项目从前期搬迁到后期修缮改造完成，整个项目的直接成本大约 1570 万元，摊到房屋均价为 5.86 万元 / ㎡，具体包含以下 8 个部分，平江公司和古建公司的费用主要为财政资金。

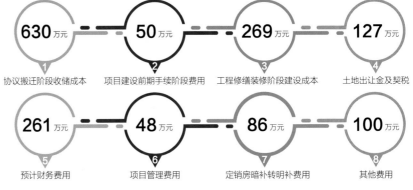

630 万元	**50** 万元	**269** 万元	**127** 万元
协议搬迁阶段收储成本	项目建设前期手续阶段费用	工程修缮装修阶段建设成本	土地出让金及契税
261 万元	**48** 万元	**86** 万元	**100** 万元
预计财务费用	项目管理费用	定销房暗补转明补费用	其他费用

项目初期考虑由古建公司以资产购买方式，修缮并办理不动产权后直接销售，这种方式虽然操作简单，但税费很高。项目实际发生的建设成本、建设单位管理费用（平江公司和古建公司）、所有财务成本和定销房暗补转明补费用均不能作为计税扣减成本。补偿给公房承租人的费用因为无法获取发票，也不能作为计税成本，而这部分费用是产权单位补偿费用的 4 倍，占比很大，最终收储成本中只有私房合同金额和公房给苏州市住房和城乡建设局的合同金额可作为计税成本。

说明：
[1] 本文所有测算数据由苏州古建保护发展有限公司提供。
[2] 定销房：为安置拆迁居民，由政府组织企业建设，向被拆迁居民定向销售的商品房。
[3] 暗补：政府对定销房开发商的税费等减免称为"暗补"。
[4] 明补：政府对定销房项目统一征收土地出让金和有关税费，将其中一部分按有关原则直接发放给拆迁户用于购房.

含税销售单价：14.74 万元 / ㎡

3947 万元	**2246** 万元	**0** 万元
含税销售总价	买卖双方税收合计	项目净利润

按产权购买方式的税费测算情况

采用视同毛地出让方式，可大大降低成本

为控制最终销售价格、尽可能降低税务认定的增值部分，古建公司多次与苏州市产权交易所沟通，按国有资产处置管理办法，通过苏州市产权交易所以招标形式销售中张家巷 29 号目标产权。后在第三方协助下，经与税务机构讨论，确定可以按视同毛地出让销售的方式计缴税费，项目本身的搬迁成本（包括公房承租人的搬迁补偿费用）、建设成本和合理的财务成本都可以纳入计税成本。

经对比发现，视同毛地出让方式是最优的税务筹划方案。在净利润为零的保本状态下，总成本（项目直接成本＋税费＋销售费用）为 1982.7 万元，含税销售价格 7.40 万元／㎡，税费合计 293.2 万元，可大大降低税费。但是，古建公司按照 10% 左右的最低盈利要求，还需要提高销售价格，达到 9.5 万元／㎡，相应税费为 589.6 万元，其中增值税和土地增值税两项共计约 486 万元。

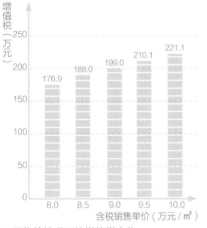

不同售价情况下的增值税变化

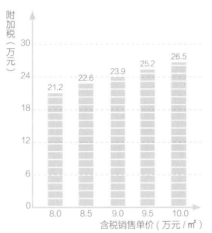

不同售价情况下的附加税变化

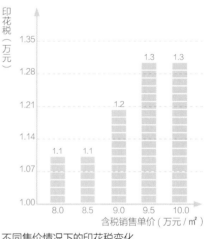

不同售价情况下的印花税变化

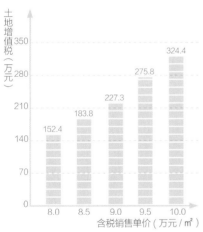

不同售价情况下的土地增值税变化

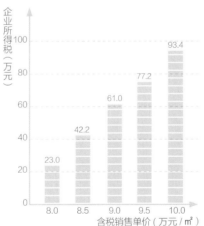

不同售价情况下的企业所得税变化

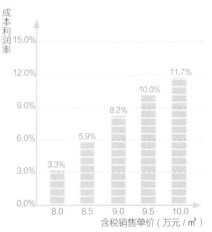

不同售价情况下的成本利润率变化

毛地出让的内涵解读

产权合法清晰，完成了必要前期开发的土地即为净地，反之，没有完成上述内容的则为"毛地"。视同毛地出让一般通过协议出让、定向挂牌和带方案挂牌等方式实现。

协议出让

对于城市更新项目，将符合协议出让的经营性用地通过协议方式直接出让于地方国企或社会资本，即通过协议出让锁定城市更新基础设施实施主体作为土地二级开发和受益的主体，使得项目资金平衡逻辑合理、路径畅通、具备可融性和可操作性。

定向挂牌、带方案挂牌

定向挂牌和带方案挂牌都是通过一定的限制条件，将能够参与土地摘牌的社会资本限定在一定的范围内，针对那些没有参与土地一级开发或者没有参与项目前期实施的社会资本，形成信息壁垒和信息不对称，进而将一级实施主体控制在更小范围内，较大概率地锁定为二级开发拿地主体，实现一二级联动。

图 例
- ▨ 项目管理费用
- ▨ 财务费用
- ▨ 定销房暗补转明补费用
- ▨ 其他费用

未能作为最终计税成本费用组成

说明：
纳税义务递延指纳税人根据税法的规定可将应纳税款推迟一定期限缴纳。

仍有部分改造花费无法纳入计税成本

2020 年 8 月 1 日项目正式挂牌，9 月底通过招标确认了买受方，最终成交价 2134.77 万元（7.97 万元 /㎡），其中增值税及附加税 197.42 万元、土地增值税 274.62 万元。

最后来看，项目成本中的财务费用 261.04 万元、项目管理费 47.69 万元、定销房暗补转明补费用 85.5 万元、其他费用 100 万元，成本费用共计 490 多万元，仍未能作为最终计税成本，实际还是承担了这部分"不是增值的增值税"。

事实上，国内城市更新项目的收并购中，交易模式和有票成本一直是个绕不过的话题。一是项目实施主体收购项目时，经常遇到向个人支付高额居间费的问题；二是项目实施主体操作城市更新项目时，经常需要向一些公司或个人支付前期费用、关系协调费用、咨询费用，或者是一些台底费用、隐性费用需要以走票的方式先取得现金；三是实施主体自身在成本、费用方面做一些税筹时，经常需要在税收优惠地设立非关联的载体后开具发票。

税收优惠地的个人所得税核定征收政策收紧后，项目实施主体对外支付大额费用（如超过 500 万元）的收款方无法再通过设立税收优惠地载体的方式，在收款、开票、分红、税收返还之后享受低税率的优惠。而个人独资企业、合伙企业的大额收款按一般纳税人查账征收后的综合税负则达到了 38% 左右（暂不考虑成本扣减影响）。相比于个人设立有限公司后收款、完税并分红到个人共 40% 的税费并未实际节税多少。因此，除非是具体工作事项可分拆至小规模纳税人类型的税收优惠载体，不然还是很难解决税筹难题。

类似项目仍难参照执行，继续打通政策堵点

中张家巷 29 号项目是参照文旅古建老宅修缮路径实施，并签订了《国有建设用地使用权出让合同》，与目前城市更新收储的老宅更新相比，在流程上、政策上存在差异，经前期与税务部门沟通，在视同毛地出让的情况下存在销售可行性，但此项目销售路径的走通不等于目前城市更新其他项目销售路径的打通，还有其他类似项目难以采用视同毛地出让的方式来降低税费。

针对政府平台公司之间的国有资产转让，除以上视同毛地出让方式进行计税外，还可充分利用重组税收政策，研究平台公司之间无偿划转资产的适用条件，积极争取免除增值税，采取特殊性税务处理，实现纳税义务递延。

此外，还可调整交易模式，不走资产转让方式，探索国有资产股权转让方式，鼓励多元化政企合作模式，探索存量资产作价入股、一二级市场联动、转股招商等开发方式，推动原物权权利人、政府平台公司、社会资本之间的股权合作，合理免除营业税、契税、增值税等税费交易成本。

改造修缮完成之后的中张家巷 29 号内景

广州市城市更新税收指引

国家税务总局广州市税务局、广州市住房和城乡建设局 2021 年印发《广州市城市更新税收指引》（以下简称《指引》）。

《指引》按照"三旧"改造、"三园"转型、"三乱"整治 9 项城市更新重点任务梳理涉税业务指引，共分为 6 类、12 个应用场景：村企合作改造、村集体经济组织留用地转让、旧街区"微改造"、全面改造、旧厂房自行改造、收购改造、合作改造、单一主体归宗改造、村集体经济组织租赁改造、政府直接收储、违法建设、河涌水环境、"散乱污"场所整治、政府收储后"限地价、竞配建、竞自持"方式出让土地。

《指引》基于每个应用场景，以改造环节为时间链条，全税种、全周期梳理广州城市更新过程中涉及的增值税、土地增值税、契税、房产税、城镇土地使用税、印花税、企业所得税、个人所得税等税收处理规定。聚焦诸多按现有方式无法纳入计税成本的实际更新成本，如基础数据调查、片区策划方案编制、项目实施方案编制、融资楼面地价评估、土地勘测定界等费用，明确了其所能作为计税成本的操作途径。

前期费用环节

◎ 增值税

企业垫付的与改造项目直接相关的前期费用（直接承担），提供抵扣凭证的，可以作为进项抵扣。

◎ 土地增值税

改造公司垫付的与改造项目直接相关的前期费用，允许计入改造公司的土地增值税扣除项目。应提供资料佐证前期服务协议、发票、付款凭证、相关招商文件及合作协议等。

◎ 企业所得税

企业垫付的与改造项目直接相关的前期费用，改造公司成立后由其直接承担的，计入改造主体公司开发产品计税成本。

拆迁补偿环节

◎ 增值税

改造公司按照拆迁补偿协议支付的拆迁补偿费，允许在计算销售额时扣除。应提供拆迁协议、拆迁双方支付凭证等能够证明拆迁补偿费用真实性的材料。

◎ 土地增值税

改造公司支付的拆迁补偿费用，真实合理的，允许计入改造公司土地增值税扣除项目。应提供拆迁补偿协议、拆迁双方支付凭证、改造公司缴纳契税完税凭证等。

◎ 企业所得税

企业发生的拆迁安置费用属于土地征用费及拆迁补偿费，计入开发产品的计税成本。

◎ 契税

改造公司按照改造拆迁补偿协议支付的拆迁补偿费用，应计入契税计税依据缴纳契税。

土地出让环节

◎ 增值税

改造主体公司以出让方式取得土地使用权，向政府部门支付土地价款。

◎ 土地增值税

根据《中华人民共和国土地增值税暂行条例实施细则》第七条，改造主体公司实际缴纳的土地出让金计入土地增值税扣除项目。

◎ 企业所得税

根据房地产开发经营业务企业所得税处理办法，作为土地开发成本进行相关税务处理。

◎ 契税

对改造公司以出让方式取得土地使用权，应按土地成交总价款缴纳契税，土地前期开发成本不得扣除。

◎ 印花税

按照"产权转移书据""权利、许可证照"缴纳印花税。

对更新项目相关涉税费用的具体规定

上海探索"场所联动"，通过一二级联动的方式促进社会资本深入参与更新项目

上海 17 号风貌保护街坊和北外滩捆绑更新项目中，由上海虹更公司（平台公司）承担了前期拆迁和净地工作，并通过定向出让方式获得了该项目使用权，其主要资金来源于其母公司之一上海地产集团的市场化融资。

但虹更公司不参与或不主导二级开发运营，一方面由于更新资金压力大，单靠一家企业运作难以为继，另一方面更新项目的二级开发专业性强，术业有专攻。于是，决定通过国有资产股权转让的方式，招引有专业运营实力的优质社会企业，为避免"价高者得"的低水平开发商竞得项目，创新探索出"场所联动"招商转股机制。

具体操作方式为：第一步，在上海土地市场组织规划实施方案评审，确定入围企业；第二步，在上海联合产权交易所组织网络竞价及产权交易，以入围企业作为竞买人，组织竞价，按规划实施方案得分（满分 20 分）和产权交易竞价得分（满分 80 分）加总后的综合得分排序，得分最高者为本次产权交易的最终受让方。

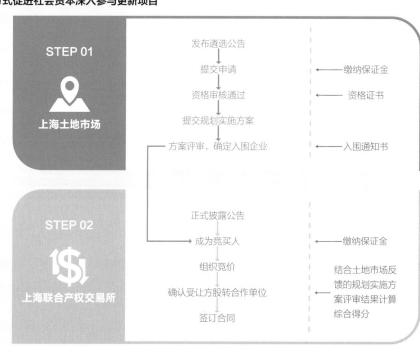

STEP 01 上海土地市场

发布遴选公告 → 提交申请 → 资格审核通过 ← 缴纳保证金 / 资格证书 → 提交规划实施方案 → 方案评审，确定入围企业 ← 入围通知书

STEP 02 上海联合产权交易所

正式披露公告 → 成为竞买人 ← 缴纳保证金 → 组织竞价 → 确认受让方股转合作单位 ← 结合土地市场反馈的规划实施方案评审结果计算综合得分 → 签订合同

资料来源：
官任.解析上海首宗"场所联动"城市更新项目[EB/OL].(2022-04-06)[2023-04-18].https://zhuanlan.zhihu.com/p/50524344
3?utm_source=wechat_session&utm_medium=social&s_r=0.

艺术家朱福全与平江路结缘的六年

稀缺的文化价值空间对市场具有吸引力。但是从实践情况来看，目前社会资本介入历史文化领域的程度不深、项目不多，且多集中于运营环节。但我们也能从东升里的个案中看到部分社会资本参与的积极主动力量和正向作用。他们从对老房子的独立改造利用起步，经历了空间从点到线再到面的活化复兴，三位主创者也从单打独斗到后来联合成立了东升里文化集团。未来，我们也许能看到越来越多逐渐转型、从无到有成长起来的专业化历史空间运营市场主体。

房屋信息牌

（保护等级）具有苏州传统风貌特征的公共建筑和民居。

（建筑情况）"右见"为一层建筑，建筑面积 1500 ㎡；"巴黎会馆"为一栋三层建筑，建筑面积 795 ㎡。

（使用情况）更新前期为闲置公共建筑（"右见"前身为仓库、"巴黎会馆"前身为平江档案馆）或低效使用的民居（如"货郎记"）。

（产权情况）"巴黎会馆"和"右见"均属国有资产，后期拓展的空间以居民私房为主。

（更新情况）2017 年朱福全带领团队在东升里 6 号创建"中法文化艺术基地（巴黎会馆）"，2019 年原金螳螂设计五院院长、全国百佳设计师汪拓带领团队到东升里 13 号创办"右见文化"。2021 年包含"巴黎会馆"和"右见文化"在内的东升里在地机构联合创建东升里集团，拓展运营面积，目前由东升里集团通过长期租赁方式自营、联营和合作的面积近 5000 ㎡（东升里位于苏州古城平江路附近，涵盖东升里、志恒里和酱油弄三条小巷所在区域，三条小巷全长 425 m，区域总面积约 3 万㎡）。

社区仓库更新改造为"巴黎会馆"

朱福全在全世界兜兜转转了多年，2016 年决定回到苏州发展，谈到选择苏州的主要原因，他说，"苏州有特别好的文化基础和科技产业，年轻人多，有活力，这些条件都符合艺术行业发展的需要。"苏州文化底蕴足、产业发展优，在经济发展和古城保护中取得平衡，已成为古今辉映的"双面绣"之城，习近平总书记2023 年 7 月视察苏州时，也指出"苏州在传统与现代的结合上做得很好，不仅有历史文化传承，而且有高科技创新和高质量发展，代表未来的发展方向。"

平江路历史文化街区吸引了朱福全的目光，2017 年，他在邻近平江路历史文化街区的东升里选中了一栋闲置房屋，该房屋位于东升里 6 号半，是一栋面积为 795 ㎡的三层四合小院，曾经为平江档案馆旧址，后作为社区仓库闲置了 15 年，房屋主体还在但已破败不堪。朱福全带领团队花一年多时间进行改造，建成了"中法文化艺术基地（巴黎会馆）"，引进法国一流艺术家举办画展、沙龙和其他文化艺术活动。

闲置房屋改造为网红民宿"右见"

2019 年，原金螳螂设计五院院长、全国百佳设计师汪拓带领团队到东升里13 号创办"右见文化"（简称"右见"）。作为社区资产，改造前这栋宅院已闲置20 年，建筑面积 1500 ㎡，改造总花费 400 万元，历时 7 个月的时间改造完成并对外开放。"右见"对外营业仅两个月左右，就积聚了大量粉丝从国内外各地前来打卡、休闲，看艺术展、参加艺术沙龙。"右见"月均到访人数达 3 万~4万人次，在东升里艺术街区业态组合中起到了核心引擎的作用。

"右见"内景

从建筑改造拓展至街巷更新，承办"我画苏州"活动

"巴黎会馆"和"右见"前后距离不过百米，其创始人朱福全和汪拓也逐渐从认识到成为熟识的老朋友。随后，国际建筑交流策划人、艺术策展人陆中也加入了这个"朋友圈"，他早年曾任国家级协会华夏文化促进会副秘书长，现为世界建筑节中国组委会秘书长。2020年，姑苏区第二届"我画苏州"活动筹办，最终决定以东升里地区作为艺术家的创作空间，陆中作为艺术总监，"右见"、鹿人画廊等东升里地区的相关机构作为支持单位。

2020年8月，经姑苏区宣传部批准，活动邀请了全球40余名艺术家和设计师，以涂鸦、墙绘和装置艺术等形式，参加东升里、志恒里和酱油弄三条小巷街面的艺术化改造，打造"东升里艺术画廊"。

在苏州市姑苏区相关部门的大力宣传和东升里地区文化艺术机构的共同努力下，"我画苏州"活动取得了超预期的效果，强烈的艺术气息和本地文化的融合体不仅使东升里获得了年轻人的青睐，还悄然改变了原住居民对东升里的既有认知，形成了新的价值认同。

> 有个小故事我一直印象很深刻，当时我们邀请的国外艺术家计划在酱油弄居民王燮阿姨家的墙壁上创作一幅以"猫"为主题的艺术作品，一开始的猫是黑色的，王阿姨认为黑色的猫不吉利，能不能改成别的颜色，最后经过协商，黑色的猫变成了蓝绿色的猫，王阿姨很满意。
>
> 这条酱油弄改造前，一直是环境卫生治理的难点，墙边都是居民乱丢的垃圾、杂物，每隔一段时间就要突击整治一次。改造后周边居民还会主动打扫和清理街巷环境，已经变成街巷的环境维护者。

改造前后对比

艺术家在酱油弄居民王燮阿姨家的墙壁上创作的《转角遇到猫》

东升里地区的本地机构联合成立东升里文化发展公司

"东升里艺术画廊"的成功，让朱福全、汪拓和陆中看到了进一步拓展发展的可能。2020年底，东升里地区的主要商家开始尝试进行内部整合，围绕"弗朗西斯画廊""东升汇""货郎记"等项目进行联合运营。

而真正带给他们信心的是真实的市场需求。随着东升里地区的艺术化"出圈"，越来越多的创业者和设计师慕名前来，到"右见""巴黎会馆"等进行咨询，但都因无可出租空间而未能入驻，"天空画廊""鹊里茶弄"等新文化消费主体不得不自行改造老房子，抬高了企业的时间成本和前期资金压力，朱福全认为艺术化街区更新存在很大的现实需求和市场机会。

紧接着，2021年5月，东升里地区的"百工匠心""知行法艺""右见文化""右见设计""右见民宿""现代博览"等相关机构达成合并意向，成立了以朱福全、汪拓和陆中三位创始人为核心的东升里集团。

意向板块	发起方机构
东升宇宙运营管理	苏州百工匠心数字科技有限公司
教育培训	苏州知行法艺教育科技有限公司
空间设计	苏州右见装饰设计有限公司
民宿及酒店管理	苏州右见酒店管理有限公司
餐饮及空间管理	苏州二渡文化有限公司
艺术策展	苏州博览现代商务会展服务有限公司

东升里集团主要发起机构

获得政府支持，联合打造古城文化艺术街区

姑苏区政府也逐渐看到了东升里带来的正向影响。一方面，盘活了闲置国有资产，带动了国有资产增值。"巴黎会馆""右见"等房屋土地资产的产权方都是姑苏区国有（集体）资产管理中心，东升里进驻改造运营后，资产在 5 年内实现了翻番。另一方面，老百姓也从中获益。利用居民老宅子改造成的"货郎记"文创店，之前出租给一家饮料店做仓库，改造后居民获得每月 3000 元的稳定租金收入；一栋民房改造前租给外地打工者，月租金仅 900 元，租给东升里集团后月租金达 4000 元。

>
>
> *我们这边的所有空间均坚持对街坊邻居免费开放，现在，有些居民就把"右见文化"当成了自己的会客厅，有朋友来都不再带回家，而是直接来东升里座谈或品咖啡。邻居阿姨时常来我们"右见文化"，每次来之前都会精心打扮一番。*

此外，在物质空间环境得到艺术化改善的同时，东升里所培育的一个全国艺术家和设计师社群正在形成。东升里地区聚集了近 10 家咖啡轻食店、6 家画廊以及其他与衣食住行和艺术相关的业态，吸引了众多设计师和艺术家的聚集。

同时，东升里正在成为国际文化交流的窗口，与法中创业协会、法国造型艺术家协会和阿根廷艺术馆等共同举办创业和文化艺术活动，其中"阿根廷文化日"获得阿根廷驻华大使馆的高度重视与参与，东升里逐渐成为古城中外文化融合的窗口。

为进一步推动东升里地区的活力运营，吸引更多社会资本参与东升里地区更新，苏州市和姑苏区围绕东升里地区的空间利用、活动举办、融资合作、项目审批等出台相关文件，对东升里集团予以支持。

在政府的支持下，东升里集团持续整合地区机构，增强联合运营能力和活力，在"右见文化""巴黎会馆""货郎记""明楼"等自有品牌的基础上，进一步整合"鹿人""天空""鹊里茶弄"等文化艺术和新消费品牌。在整合运营基础上，持续发力举办节庆活动，带动地区引流。例如，"东升里艺术节""东升里嘉年华""百变旮旯"设计节、"巷里巷外"市集、"东升汇"雅集、"流动的盛宴"诗歌会、"唱响民谣"及"八棵树下"音乐节、"声入平江""设计师运动会"等艺术设计活动。2021 年劳动节组织的"东升里艺术节"，国庆节组织的"东升里嘉年华"，每天都达到了近万人参访规模。

东升里社群活动

苏州人才会客厅

苏州市人社局、科技局（外专局）、统战部及姑苏区以组织部牵头的各部门，批准东升里为苏州人才会客厅，依托东升里已经聚集的海归、设计师和艺术家资源，整合落地相关部门的人才政策，吸引更多的海归人才和创意设计人才到东升里来创新创业

姑苏区给予东升里集团的相关支持政策

众创空间 东升里集团可利用现有空间举办众创空间，便于艺术家和设计师集中注册

艺术市集与夜市 东升里集团探索运营街区公益性艺术市集或夜市，平江街道负责具体落实管理

公共艺术中心 平江街道牵头将酱油弄闲置空间改为"东升里公共艺术中心"，改造由东升里集团负责

东升里集团在平江路商会下成立艺文空间联盟，实施"500 艺术家驻留平江"计划

艺文空间联盟

由区教体文旅牵头研究分散式城市民宿的创办条件、审批流程等，特出台相关规章制度文件，积极指导东升里集团民宿合规化

制度文件

"平江九巷"大计划遇冷，期待更深入的政企合作

基于东升里的成功尝试，东升里集团决定再往前走一步，提出了"平江九巷"计划，即以目前所管理运营的东升里核心区为基础，继续租赁临街民居，逐步向周边的九条巷子进行拓展，整体活化平江路和观前街、拙政园到双塔之间的区域，形成一个 70hm² 的文化艺术活力地区，约占苏州古城面积的 5%，形成一个在全国乃至全球范围内都有影响力的城市更新示范项目。

为此，东升里集团积极拓展合作主体，与贝聿铭基金会、雷允上、王森文创、极易电商等公司达成了初步战略合作意向。针对可能面临的少量居民不愿意搬迁的问题，也提出了预案，他们建议每个街巷在更新前，拿出邻近的一个到几个居民院落，作为居民集中居住地，用于集中安置愿意留下来、当前居住较为分散的苏州本地居民，政府对居民集中居住的院落进行宜居化、适老化改造，方便原住居民生活。这样腾出来的其他院落就可以进行较为完整的经营。

同时，东升里集团联系了一笔 40 亿元的文化新经济基金投资"平江九巷"项目，但由于是国家部委基金，只能以 15 年期公司债形式拨给国资企业，而苏州当地无合适的国资企业愿意承接，该笔资金虽获批准用于苏州却无法落地。因此，"平江九巷"项目暂时搁浅。

东升里团队发现在城市更新项目中，由于涉及的相关利益方多，更新工作需要的细分专业领域多，亟须创新多元化的合作模式。例如，上海已经探索出存量资产作价入股、一二级市场联动、转股招商等开发方式，推动原物权利人、政府平台公司、社会资本之间的股权合作。另外，还需要拓宽社会资本融资渠道，设立城市更新基金，优化更新项目融资审批、用款管理相关规定，积极为实施更新而进行的股权交易提供并、购、贷支持。东升里期待更多与政府合作的方式。

"生活的流水从来都不壮阔，但细水长流何尝不是一种力量。"城市更新唯有深入细微之处发现具体的需求、汇聚点点滴滴的创新，才能积细流而成大河，推动实施城市更新行动的高质量开展。

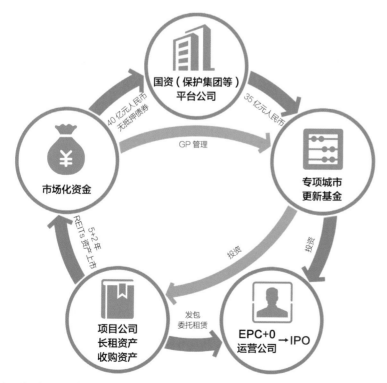

东升里集团提出的"平江九巷"项目合作方式建议

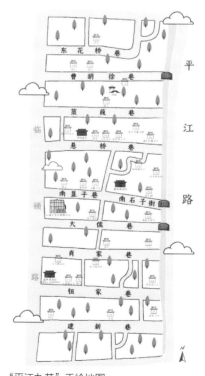

"平江九巷"手绘地图

资料来源：作者改绘。

乡村产业遗产
——江苏乡村历史文化瀚海拾珠

□ 整理 朱宁

　　江苏是近代中国民族工商业的重要发祥地，较好的工业化基础在百余年演绎出具有鲜明特色的地域工商文化。改革开放后，更是演绎出"苏南模式"，江苏的镇村企业如雨后春笋般涌现，带动了乡村地区的发展。时至今日，在江淮大地的广袤乡村地区，留下了众多工商业的"繁华"印记。

　　随着乡村地区工业企业"出村入园"、产业转型升级和乡村地区的人口外流，原先的工商业逐渐衰落、倒闭搬迁，原有的建筑物或构筑物大部分均已闲置。这些带有典型时代烙印的产业遗存，有的是文物保护单位或历史建筑，有的仅仅是未被认定的普通建筑，均记录了从农业文明向工业文明转型中乡村产业变化的历史印记。它们体现了乡土文明的营造智慧和低技背景下的建造技艺，更直接记录了农业和工业文明交织下的乡村社会空间变迁，是乡村中具有较高保护价值的遗产。

　　乡村产业遗产包括传统农业、传统服务业和近现代工业遗产等类型。本文选择了砖瓦厂、影剧院、供销社这三种较为常见的乡村产业遗产——它们是乡村发展风雨历程的见证者，虽难逃在城镇化浪潮中淡出视线的命运，但其建筑特色、时代记忆等仍能在今天的乡村振兴中发挥较大作用。我们相信，通过在地化保护、择时利用，能够再现遗产价值，并实现可持续传承。

传统农业遗产

农业仓储类：粮仓、种子库、农机库、化肥库、农药库等
种植养殖类：水工设施、禽畜饲养舍圈等
农畜副产品加工类：磨坊、碾坊、茶厂、油坊、酒坊、醋坊等

粮仓　　　　　　　　水工设施

农机库　　　　　　　蚕茧站

碾坊　　　　　　　　油坊

酒坊　　　　　　　　醋坊

近现代工业遗产

服装厂、五金厂、机械加工厂、电子厂、家具厂、食品加工厂、砖窑厂、蚕种场、棉纺厂、水泥厂、石膏厂、石灰厂、钢铁厂、冶金厂、造船厂、化工厂、矿坑等

布厂

石灰厂

砖窑厂

铁矿厂

缫丝厂

五金厂

台钻厂

矿坑

传统服务业遗产

码头、供销社、菜市场、茶馆、餐馆、旅社等

供销社

礼堂

浴室

码头

传统手工业遗产

瓷器作坊、刺绣作坊、纺织作坊、铁匠铺、陶瓷窑、土料坊

瓷器作坊

纺织作坊

陶瓷窑

土料坊

江苏各地烧制砖瓦的土窑

乡村砖瓦厂：从生产到传承的活力激发

砖和瓦长期以来一直是建筑建造中不可或缺的材料，"秦砖汉瓦"四个字简短而凝练地概括了我国砖瓦制作的悠久历史和高超工艺。但在近现代之前，我国烧制砖瓦长期采用的间歇式土窑，或者由于装烧面积小，或者由于火焰流通不均匀，窑内上下、前后各部位的温度和烧成气氛波动较大，造成生产效率低，成为制约我国砖瓦产量的主要原因之一。

直到 20 世纪 80 年代"转盘窑"（又俗称"轮窑"或"八卦窑"）在全国大规模推广建设，才"解放"了我国的砖瓦生产力，让农村地区大量家庭从土坯房搬进了红砖大瓦房。这些遍布我国大江南北广袤乡村地区、见证农村居住条件改善的砖瓦厂，有一个共同的原型——霍夫曼窑。

霍夫曼窑小百科

霍夫曼窑常见的平面形式如运动场环形跑道，内部窑室为一条中空的穹窿形长隧道，环绕成一圈。多为两层，一层为烧窑窑腔，二层为投煤车间，南方地区的投煤车间通常覆以窑棚，多由当地建筑材料搭建。窑体旁有阶梯或窑桥连接到二层。烧制方法是将砖坯排设于窑室内，从二层投煤孔投入燃料。点火后，火会随着烟道开闭的控制而有序延烧，顺着窑室一间接着一间燃烧，夜以继日，年终方熄火停产。

霍夫曼窑一方面利用燃烧时产生的热空气干燥及预热砖坯，然后将其经由地下烟道从烟囱排出；另一方面引入外部新鲜空气冷却已烧制完成的砖坯，并持续供给燃烧所需要的氧气。每间窑室的生产流程包括码窑、干燥、预热、焙烧、保温、冷却、出窑等步骤。

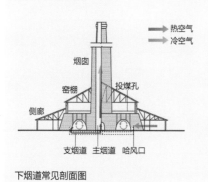

上烟道常见剖面图

下烟道常见剖面图

焙烧工序示意图

江苏省江浦县林山砖瓦一厂茶棚分厂

资料来源：
东南大学建筑学院李海清教授。

霍夫曼窑引入中国后，由沿海向内陆缓慢传播，一直沿用至今。20 世纪 50 年代，江苏大力发展造砖产业，常熟、无锡、昆山以及连云港等地涌现了一大批霍夫曼窑，仅 1995 年一年，镇江丹阳就兴建了近 500 座霍夫曼窑。至 20 世纪 90 年代末，苏南地区的霍夫曼窑几乎达到了"一村一窑"的密度。

烟囱、窑桥、窑棚是构成我国乡村轮窑砖瓦厂形态特征的重要因素，窑室、烟道则反映了建造模式、构造工艺。霍夫曼窑引入中国后的百余年中，受到地形地貌、盛产物料、乡土建造技艺等多种因素的影响，逐渐形成了十余种形制，烟囱、窑桥、窑棚等主要组成部分也因地制宜形成了多种类型。乡村轮窑砖瓦厂是乡村产业遗产中现代工业遗产的缩影——它既符合当时节约能源的要求，也与早期农村乡镇企业的财力和技术管理水平相适应，机械设备及钢材用量都较少，投资少、易上马，是我国改革开放初期乡村工业以及第一批乡镇企业的标志和代表。

如今这些闲置的砖窑厂中，保存较好的建筑和生产设备不仅能再现曾经的砖瓦生产场景，大体量的空间还能灵活适应文化创意、影视演艺、餐饮住宿等多种现代文旅功能，高耸的烟囱也有利于形成乡村旅游中的地标。

祝甸砖窑厂更新引发的乡村再发展

有着"三十六座桥，七十二只窑"民谚的锦溪古镇，曾经是明清时期"皇家金砖"的御窑所在地。锦溪祝甸村建于 1981 年的澱西砖瓦二厂，在崔愷院士团队的"微介入"设计和乡伴文旅集团的在地化深耕运营下，从生产红砖的场所转变为乡村振兴的撬动点，更让祝甸村从"砖瓦强村"蜕变为今天的"民宿名村"。

春节期间的民俗活动

乡伴文旅集团选择祝甸砖窑厂的初衷

在权衡了拆除和改造同样需要资金投入的情况下，乡伴文旅集团最终选择保留改造砖窑厂，留下与村民记忆相关的场景。首先，砖窑厂的选址一般都临水，方便水路运输砖瓦，跟现在交通便利、临水而居的旅游需求很接近；其次，因为它不属于文物保护单位、历史建筑、工业遗产这些法定的保护对象，没有严格的保护要求和限制，更有利于更新改造。

节假日期间的游客

资料来源：
砖窑文化馆经理许峰。

乡伴文旅集团在更新中与设计方的衔接

乡伴文旅集团和设计团队同步进场、同步推进，在后续的运营中，也非常尊重崔愷院士团队对这个项目在设计中的思路，没有对建筑的主体结构、布局进行大的调整改动，不过局部空间的功能、风格还是随着运营的需求动态优化。

例如，最开始在建筑内策划的西餐厅，运营中发现西餐厅的模式在乡村地区并不是特别适用，所以就改成了以小火锅和苏帮菜为主题的中餐厅，原先餐厅的格局没有大的变化，对照明、桌椅等软装有一些调整。另外，很多游客在这里喝咖啡的同时，也提出需要糕点的建议，所以把原先展示古砖的纯展览区域改造成兼具停留功能的甜品屋。

砖窑文化馆的建设对祝甸村的振兴带动

除去新冠肺炎疫情期间游客数量有些波动外，砖窑文化馆的游客数量每年都在增长。游客主要集中在周末、节假日，每个月的客流量有两三千人次，此外，平台、自媒体和游客的宣传对游客的带动作用也较明显，为祝甸村带来大量客流。

砖窑文化馆以点带面，比较显著地带动了祝甸村里的民宿、农家乐、采摘等农文旅产业。目前村里已建成运营的七八家民宿，大部分是村民个人出资改造自家住宅，最大的民宿有十几间客房，平时既独立接待小规模的集体活动，也会承担砖窑文化馆的部分客流外溢，整体上是比较互补的关系。

砖窑文化馆与周边乡村的融合关系

来砖窑文化馆参观游玩的人群，并没有打扰到原有的住户，这里已经成为周边村民日常的公共客厅，还带动了周边的民宿发展。砖窑文化馆的书吧一直向村民开放，夏天的时候开放空调，是村民的福利；餐吧、会客厅、展厅等是植入乡村的城市现代设施，拉近了村民与城市生活的距离，所以周边村民结婚都选择在砖窑文化馆接亲、拍婚纱照。此外，有大型活动时也会临时雇佣周边村民，每年能提供 30~40 个就业岗位，村民也愿意来帮忙。

长白荡对岸的民宿外景

砖窑文化馆的成功之处

砖窑文化馆是乡村地区的文旅项目，周围的环境和当地的文化对文旅项目的运营最重要。祝甸村里就有一处清代的窑址，村民以烧窑为业生产砖瓦一直到 20 世纪 90 年代，自身比较丰富的文化底蕴是这个项目成功的先天条件，并且砖窑文化是祝甸村土生土长、在村民心里留下深刻印记的文化。

此外，砖窑文化馆的运营团队几乎都是本地人，大厨是附近村里的原住居民，服务人员大半是周边村民。依托优良的服务团队和在地化的运营模式，能够最大化考虑祝甸村的需求，拉近砖窑文化馆与周边乡村的距离。

最后是区位的优势，砖窑文化馆的特殊区位在于靠近上海，距离上海虹桥只有 40 分钟车程，交通的便利更有利于吸引上海、苏州、杭州这些城市中对乡村文化感兴趣的人群。

紧邻砖窑文化馆村民自发改造的民宿

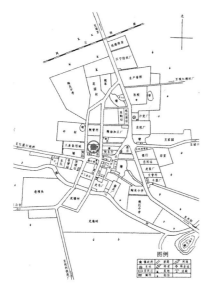

1990 年代的陶吴集镇图及影剧院位置

资料来源：《陶吴镇志》编纂领导小组.陶吴镇志[M].南京：南京出版社，1992.

乡村影剧院：精神文化载体的多样新生

20 世纪 90 年代末，我国开始对乡镇进行大规模撤并精简，江苏乡镇总量从 2000 年的 1890 个，减少到 2021 年的 718 个，这其中就有位于南京市江宁区的陶吴镇。撤并后的老镇区依旧保留了"麻雀虽小、五脏俱全"的工商业和服务设施，不少举全镇之力建造的乡镇企业厂房、汽车站、招待所、餐厅等公共建筑，随着人口流出而逐渐闲置，成为小镇的产业遗产。

陶吴在 2006 年 2 月被撤并后，时光突然慢下来了——镇上原先机器轰鸣的纺织厂、农机厂、沙发厂等工厂相继沉寂，川流不息、人声鼎沸的飞鸾阁餐馆、桃红楼商场、陶吴影剧院也门可罗雀，辉煌不再。今日的陶吴，对于居民来说，意味着日复一日平淡的生活；对于暂时逃离都市琐碎日常，前来欣赏慢时光的游客来说，只能靠着那些零零散散的片段来想象昔日的繁华。

20 世纪 70 年代，看电影是人们重要且较为稀缺的精神享受，乡村地区生产大队一两个月才能放一场的电影更是一件大事，乡村地区的影剧院更是 70 后、80 后们内心自豪的共同回忆。

2018 年，陶吴影剧院由于建筑老化被鉴定为"危房"，电影放映活动就此停止。如今，年过半百的陶吴影剧院已闲置多年，主入口屋檐下褪色的红星、挑檐上的杂草、橱窗里掉落的电影海报，见证了电影在乡镇、农村地区的兴衰。在精神文化最稀缺的时代，陶吴影剧院完成了它光荣的使命，现在已经成为 90 后、00 后眼中的"老古董"。随着文化产品的丰富，曾经万人空巷看电影的场景不会重现，但作为乡村地区不可多得的大体量公共建筑，影剧院不仅是当地特殊的地标建筑，更是游子们对家乡记忆的见证，不仅可以成为"乡贤+"的载体，还可以通过社会力量的加入延续文化传承的使命。

建成于 1973 年的三洋人民文化宫，位于福州市永泰县同安镇洋中村，曾是永泰规模最大的影剧院。当地乡贤集资 260 万元对三洋人民文化宫进行修复改造，在保留礼堂功能的基础上打造集休闲娱乐和文化交流于一体的综合中心，让闲置多年的文化宫成为乡村文化新地标。这里不仅是村中大小公共活动、会议的举办地，还引入第三方公司，将学习强国线下体验基地与主题茶馆结合，宣传同安茶文化的同时，为村民提供良好的学习互动环境。

建于 1976 年的广平影剧院，位于滁州市全椒县二郎口镇广平村，改造后成为当地电影放映、非遗和戏剧表演，以及"村晚"演出的综合体活动载体。影剧院二楼增加的文化展厅，通过广平各时代老照片和经典影视剧照的展示，呈现历史传承和文化表演艺术的魅力。三楼结合放映厅植入了老式电影博物馆，展陈电影胶片素材、拷贝和磁底、放映设备和摄影摄像器材等。

位于黄山市歙县许村镇的许村老影院，在 2021 年，通过"双招双引"吸引外资企业与村集体合作，以"租赁+合作入股"方式，联合"红妆缦绾"项目团队，将老影院打造成集非遗文化传承、展示、互动、摄影于一体的影院民宿。改造后创新的沉浸式剧场设计，让观众从单向观看转为双向参与，深受年轻人的喜爱，为千年古镇注入文化新活力。

惠安县崇武镇影剧院

建湖县上冈镇影剧院

射阳县海河镇影剧院内景

陶吴影剧院和坚守的"范电影"

自 1998 年起，南京至少有 30 家老影院消失，陶吴影剧院可能是南京最后一家老影院，也是典型的乡村传统服务业遗产。虽然它不再对外开放，但是路过的居民们都还记得这个地方。

据《陶吴镇志》记载，"1973 年，陶吴大礼堂建成，初为 1200 座位，后改为 1054 座位。与礼堂连成一体的电影放映楼也同时建成，总面积为 1584m²，供镇上放电影和节日文艺演出以及举行全镇三级干部会议用。该建筑临街，甚为壮观。"虽为镇上的影剧院，但建成时距离周边乡村也仅有几百米的距离，是乡村地区仅有的文化娱乐设施。20 世纪 70~80 年代，陶吴影剧院和 20km 外丹阳镇上的丹凤影剧院，是江宁地区唯二两座位于乡镇地区的电影院。作为周边乡镇仅有的影剧院，陶吴影剧院不仅让陶吴成为周边地区的文化中心，更带动了镇电影队的发展。

1979 年 12 月，陶吴公社电影队成立，陶吴大礼堂划归电影队管理，成为集镇放映固定场所，在功能上已经成为电影院，原礼堂的出入口还增加了售票窗口。陶吴镇每年电影放映的场次，从 20 世纪 50~60 年代的 20~25 场次，增加到 80 年代初期的 400 场次。经过 10 年发展，陶吴电影队规模达到 16 人，拥有 16mm 电影放映机 2 台、35mm 氙气灯大功率机 2 台、8kW 发电机 1 台，全年放映电影 700 场次左右，观众达 60 万人次，年均票务收入 2.8 万元。90 年代初，由于农村电视普及率的提升，电影已不再是稀缺的精神文化享受，家庭 VCD/DVD 影碟机的普及，让传统电影院受到冲击，陶吴影剧院的电影放映次数也逐年降低，渐渐淡出人们的视线。

陶吴影剧院被划为"危房"后，电影放映就此打上"终止符"，小镇上的文化生活气息又少了一些。已坚守 40 多年放映岗位的电影放映员王则友，凭着对电影的热爱，小心保护着这里的一切，也正是因为他的执着，这里才没有被人遗忘。老式唱片机、黄色的板椅、沾灰的幕帘、黑白老胶片……在王则友的精心保护下，陶吴影剧院里有许多平常难以一见、早已消逝的老物件。

在 20 世纪，许多地方放电影需要靠放映员"跑片"运送胶片，王则友曾在一个晚上跑了五个大队。从天黑到天亮，他的包里装载着千千万万个群众一夜的期待。"那时候，为了看一场电影，有一千多号人都等着，一夜觉都没睡，就等着看一场电影，当时放映歌剧片《刘三姐》的时候，已经天亮了，银幕上逐渐没有了影子，正准备关机，可热情的观众们坚决不同意。'不行，放，就算看不到人，我们听听声音也是好的'。"看着观众们期待的眼神，王则友决定继续放下去。至今，他还记得，一千多位观众对着硕大的白布满脸专注的笑容。

如今，这里成了网红打卡地，不时会有年轻人慕名来这里拍照，还有剧组会到此取景，但陶吴影剧院的大门紧闭着，甚至有人爬到窗口，费尽心思想一睹老影院的容颜。面对这样一座装满回忆的"危房"，把它保护起来脱离"险"境迎来新生，成了放映员王则友最大的心愿。

陶吴影剧院外景

陶吴影剧院内景

陶吴影剧院舞台

乡村供销社：振兴进行时的转型蜕变

距离陶吴影剧院两百余米的桃红楼商场，是曾经辉煌一时的陶吴中心供销合作社所在地，其规模在当时方圆百里算得上是首屈一指，是陶吴人公认的地标建筑，如今却成为不温不火的家具卖场。

像陶吴桃红楼商场这样的乡村供销合作社，曾经遍布全国各地几乎所有乡镇，时至今日散落在乡村地区的供销社还有千千万万。入口一米多深的挑檐、挑檐上精心设计的立面、立面上手写甚至是阳刻的店招，让它们成为计划经济时期乡村地区"最气派"的建筑——褪色的店招和五角星，让供销社的建筑时代特色特别突出，也一下子把人拉回七八十年代。

20 世纪 90 年代的桃红楼商场　　　　　2022 年底的桃红楼商场

资料来源：《陶吴镇志》编纂领导小组.陶吴镇志[M].南京：南京出版社，1992.

在国家重启供销社模式背景下，农村供销社的回归不仅让空置许久的空间得以再利用，更为"老空间"吸引了"新农人"，带来了乡村振兴、"三农"综合服务的新思路和新方法。如今乡村地区的基层供销社，在早已构建了农业生产资料供给、日用消费品经营、农副产品购销、再生资源回收利用四大体系的基础上，不仅仅只有柜台上的柴米油盐，土地托管、配方施肥、电子商务、农村合作金融等也成为它们为农服务的"主攻"方向。农村供销社的转型，还有利于推动资本向为农服务主业集中，做大做强做优核心产业，通过培育供销合作社控股、服务乡村振兴的优势企业，形成一批产供销特色品牌，提升农业的抗风险能力，增强服务乡村振兴的能力、实力与竞争力。

除了供销社本身的空间改造与业态延伸，农村供销社作为联系城市与乡村的"窗口"，一方面要发挥自身完善而广阔的人才网络优势，充当乡村振兴的人才"蓄水池"和孵化基地，成为"土专家""田秀才"和"新农人"之间的沟通桥梁；另一方面，农村供销社还是完善乡村文化基础设施和公共文化服务体系的载体，保障乡村居民物质生活丰富的同时，更通过科技、创新等丰富精神文化生活，激活产业振兴能量，凝聚乡村振兴精神动力。

各具特色的乡村供销社

农村供销社的前世今生

性质——计划经济时期农民集体的集市

"农村供销社"是"农村供销合作社"的简称。所谓的"合作",就是在生产力不发达、物资匮乏的年代,松散的个体劳动者进行互助的一种组织——参与供销社入股的农民被称为社员。它是计划经济时期政府集资成立的"超级连锁店",组织供应农村生产资料、生活用品和收购、推销农副产品等的商业机构。

大多数人印象里的挂着绿色牌子、侧重农村商贸流通的小卖部是乡村级的供销社,但供销社从中央到省、市、县、乡村分为不同的级别。在计划经济时期,全国上下的供销社体系是统购统销的重要机构——统计需求然后计划生产,在保证物资供应、平衡地区间物资流通、稳定物价等方面发挥了重要作用。

1956 年,江苏苏州吴县唯亭供销社送货下乡

淡出——退出视野却从未消失

20 世纪 50 年代初到 80 年代末,农村供销社曾有过一段辉煌时期。在物资匮乏的计划经济时期,从柴米油盐酱醋茶,到种子化肥必需品,农村供销社靠统购统销,可谓风光无限。但进入 90 年代,蓬勃兴起的个体经营,以最适应市场需求、最满足农民需要的方式,走进农村、走进农民、走进每个家庭——没能及时从计划经济模式中走出来,没能很好适应市场的农村供销社发展逐步陷入困境。

个体经营以价格低廉、服务周到、布点合理,以及不需要走出家门就能购买到自己想要的各种生活用品和农机农资产品的特点与优势,让广大农民不得不重新作出选择,也不得不暂时"抛弃"农村供销社,让原本与广大农民紧紧联系在一起的服务体系迅速瓦解。但在农民的心里,与村集体"同生共长"的农村供销社仍然占有很重要的位置,仍然希望供销社能够走进他们的心里、出现在他们的面前。

1957 年,江苏苏州吴江开弦弓村,供销社商店、信用社、邮政代办所"三合一"

转型——坚守服务"三农"的初心

自 20 世纪 90 年代开始,供销社开始了市场化艰难转型。1995 年中华全国供销合作总社恢复成立,推行以市场化为特征、以扭亏增盈为目标的改革。在政策的支持和市场化机制倒逼下,供销社逐步构建起以企业为龙头、以连锁经营为主要业态的遍布城乡的经营网络。

而供销社系统重新回归后,用信誉和形象给广大农民带来了新的希望,也产生了新的感情。农村供销社再次将业务向农村农民下沉,将很多业务建到田间地头,直接为农民农业服务。另外,农村供销社不仅提出"打通农产品上行'最初一公里'和工业品下行'最后一公里'"的口号,更通过联合 80 多个省级电商平台、近千个县级电商平台、600 个县域产地农产品冷链物流中心等实实在在的行动,再次为农民所接纳,让农民重拾信任,让农民感情回归。

1972 年,吉林某县城的供销社

安徽黄山黟县碧山村供销社旧影

1981 年,广东某农村的供销社

资料来源:
澎湃新闻.图记 | 百年供销社的前世今生:从"小卖部"到"大卖场"[EB/OL].(2022-11-09)[2022-12-15]. https://baijiahao.baidu.com/s?id=1748998021258487004&wfr=spider&for=pc.

思考：未遗忘的湮没，有传承的延续

据不完全统计，江苏全省共有 1000 余处乡村产业遗产，其中有近一半处于闲置弃用状态。这些散布在 300 余个乡镇（街道）的乡村产业遗产，既缺少庙宇、祠堂、园林、古宅民居等与乡土生活联系紧密的价值认同，又缺少城市工业遗产的区位和规模优势，成为历史文化保护体系中重视度较低的"小众"对象。

"活化利用、以用促保"作为保护乡村产业遗产的有效途径之一，可以增强物质空间遗存保护发展的内生动力，以此来实现物质和非物质传统文化遗产的活态传承。接地气的保护和再利用，需要与乡村自身发展产生关联，与居民的日常生产生活形成共鸣。又或者，我们目前能做的，就是像以往一样，让这些见证昔日乡村繁盛、承载当地社会认同感的建筑安静地保留——毕竟只要它们还矗立在那儿，就是乡愁。

乡村产业遗产的常规"命运"

乡村产业遗产之所以在发展中逐渐式微衰落，根本原因在于工业化进程中，由于产业类型与生产方式的变化，造成原先的物质空间环境难以适应现代生产生活需求。城镇化进程中乡村地区的空心化，又让乡土文化独有的文化魅力减退。虽然乡村产业遗产具有反映时代特色、历史事件的历史价值，体现社会认同感、影响力的社会价值，但在规模体量、文化价值、使用需求等方面仍缺少竞争优势。

在保护能力和资金有限的情况下，一方面只有少量稀缺性特别高、历史文化价值特别突出的乡村产业遗产，得到文物保护或城乡历史文化保护的法定体系加持，才得以被保护并传承延续。另一方面，还有一部分乡村产业遗产，由于邻近历史文化名镇、名村或传统村落，因而作为整体依附环境要素被保留和保护。

在城镇化趋势下，乡村产业结构变化、厂矿搬迁、效益降低或环保严苛等种种原因，造成了粮仓、作坊、厂房等大部分乡村产业建筑失去了原有的生产功能，被长期闲置或者改作其他用途；而随着人口外流，乡村中的服务业空间也由于需求降低、人气缺乏而停用或弃用。

宝应县广洋湖镇鹤湾村六组闲置多年的老电热电器厂厂房及设备

遗弃但未被遗忘

老房子离不开老故事，和城市中的老房子相比，乡村产业遗产诉说的，除了从农耕向工商业跨越的产业故事，还多了乡村往事和风土人情——这种乡愁记忆是文化的回归，也是另外一种有别于城市的审美，还是新时代对个性美学欣赏的一种新消费趋势。

遗弃的厂房、粮库、供销社等老建筑，与一条路、一条河、一座老屋、一个玩伴、一缕炊烟、一声吆喝，共同组成了具体而微的生动场景，成为离乡游子心中具象的乡愁，从未被遗忘。这些爬满藤蔓的老建筑，是乡村地区独一无二的景观，其美感也不只在视觉上，还有氛围和心理上。在被遗弃、布满回忆的建筑中，面对破损的屋顶、落满灰尘的设备、墙壁上斑驳的生产标语，以及院落中肆意生长的植物，仿佛可以听到兴盛时期的人声鼎沸和机器轰鸣，既有时过境迁的遗憾，也有一种怀旧的浪漫——这种时代残留的回响让没见过的人心生向往。

这些被遗弃的房子甚至吸引了一批特殊且小众的群体——废墟探险者。对于他们来说，时间为掩映在山林间的建筑带来了沧桑和沉淀，这些建筑与曾经辉煌时代的兴盛对比，在大自然接手后更具有冲击感。存在与消亡的周旋变化中，建筑翻新、草木自然枯萎，与建筑衰败、草木生生不息，仿佛是一幅镜像画面，二者都源于历史，都属于当下，也都迎接着未来。

与乡村共生相伴的先锋书店

自 2013 年起，总店设在江苏南京的先锋书店，把分店开进了乡村，目前已建成安徽黄山黟县碧山村的碧山书局、浙江桐庐县莪山畲族乡戴家山村的云夕图书馆、浙江松阳县陈家铺村的平民书局、福建屏南县厦地村的水田书店、云南大理北龙村的白族书局等五处乡村先锋书店。

先锋书店在乡村地区运营的成功，来源于"在地化和唯一性"的秉承，结合当地文化特色，通过设计师的精心设计呈现出书店独一无二的地方特色，以文化地标的形式成为网红爆款，带来流量。"先锋书店式"的产业植入之所以能够与乡村发展有机融合，一方面在于书店作为面向村民的阅读场所，提供了有人气、有活力的公共空间，并依托体现地方特色的设计，在物质空间层面展现出"生于"乡土。另一方面，在专业团队对书店的运营和管理下，通过与地方特色相结合的书籍品类配置、定制化文创产品、定期举办文化活动，丰富实体书店的多业态经营模式。最重要的是，先锋书店从开设之初就积极吸引村民参与书店的日常运维等方式，拉近书店与乡村的距离，将书店融入村民日常生活的点滴，成为一种相伴的习惯，在非物质空间层面展现出与乡村"共成长"。

烤烟房改造的大理白族书局

资料来源：李亚.

"有的放矢"才能重放光彩

量大面广的乡村产业遗产当前面对的最重要的问题，可能就是空置。俗话说"没人住的房子坏得快"，长期的空置让这些曾经举全村甚至全乡镇之力修建的建筑快速衰败，所以在尚未明确保护对策和再利用方向的阶段，将闲置的农机库、蚕茧站、供销社、五金厂等乡村产业遗产，用作乡村居民堆放生产资料的临时仓储空间，保证建筑内部温湿度的相对平衡，也不失为一种较为务实的保护方式。

在此基础上，正视并且主动适应城镇化趋势下乡村的正常发展趋势，用有限的人力、物力、财力，去保护乡村历史文化瀚海中闪耀的珍珠。根据乡村产业遗产的区位条件、现实价值、濒危等级的不同，区分轻重缓急、先后主次，稳妥有序地开展保护工作，将空间本体保护与后期运营充分衔接，防止因追求短期经济利益而导致的保护性破坏，也为将来可能开展的乡村文旅发展存续资源。砖瓦厂、影剧院、供销社作为较为常见的乡村产业遗产，其保护与再利用虽然具有较高的可复制价值，但随着更新保护的推广，也可能会造成同质化的审美疲劳。因此，对于乡村产业遗产核心保护对象的选择，要立足当地产业和文化特征，突出地方特色建筑，从一开始就要讲好遗产本身独一无二的故事。

保护与再利用过程中，要尤其注重产业与空间的衔接，根植本地、可持续性强的产业业态，才能保证乡村产业遗产以用促保的长期稳定。研学基地、创客空间、旅游文创等"万金油"式的新功能业态，可以在短期内实现光鲜亮丽的空间更新，却不一定能培育出本地自发生长出来的产业，也难以建立在地性的可持续保护机制。城市舶来品式的新产业业态如果与本地的历史文脉、风土人情等特征衔接不足，则很容易造成城市文化对乡村地区的侵入，难以融入乡土社会的土壤，更难以形成空间—产业—人才的正向循环。因此，需要"一村一策"的精心策划，通过一定时间的培育和磨合，避免"急功近利"的运动式植入，让乡村居民享受乡村产业遗产带来的红利，通过遗产价值的生命力和创造力来带动乡村产业振兴。

值得注意的是，无论产业植入还是旅游发展，缺少一定规模的历史文化遗产都难以通过集聚活力形成"气候"与影响力，对于历史人文价值、知名度与认可度均较为一般的乡村产业遗产尤为如此。乡村产业遗产分布零散，产业遗产相互之间主题、类型差异显著，需要建立系统化片区整体保护的思路，通过核心遗产点的保护，带动乡村整体环境的提升，并通过实体业态和空间的支撑加以串联，以丰富的空间形式和多样化的产业形态，形成有一定规模的乡村遗产"块面"，推动乡村产业遗产成为乡村振兴的撬动点。

本文中未标注来源的图片均为作者自摄。

参考文献：
[1]李海清,于长江,钱坤,等.易建性:作为环境调控与建造模式之间的必要张力——一个关于中国霍夫曼窑之建筑学价值的案例研究[J].建筑学报,2017(7):8-13.
[2]于长江,钱坤,李海清.中国霍夫曼窑建造模式的调查与环境适应性分析[J].建筑遗产,2017(1):106-113.
[3]唐任伍,叶天希,孟娜.供销合作社助力乡村振兴的历史演变、内在逻辑与实现路径[J].中国流通经济,2023,37(1):3-11.
[4]张中波.文旅融合视域下农村工业遗产的价值与类型探析[J].美与时代(上),2021(11):50-52.

老地名：看不见的遗产

□ 整理 鲁驰 陈如

老地名无形，但与有形空间的历史脉络紧密相联，它承载着对特定空间、特定事件的集体记忆，就像是一直陪伴着你的无形伙伴。相对于有形遗产，它的独特之处在于：

最日常——你家周边不一定有历史建筑、历史地段，但一般都有老地名；

最共鸣——你的街坊邻居不一定都对某个老楼、老树、老井有印象，但一定都能记起老地名；

最延续——从人类聚落形成开始，一地的地名只会改变而很难消失，它们就像是时间的史官，完整记录了当地的历史变迁；

最容易又最难保护——相对于物质，记忆更难修，老地名消失后改回来很容易，但它消失期间的空间记忆却已经改变或湮没。保护传承老地名，需要不同于有形遗产的别具一格的方式。

中外地名的"大同小异"

世界各地地名遵循的基本规律大体一致，仔细翻找地图，你会发现中西方古城有许多对应或相似的小地名，如巴黎老地名的土味翻译：boucher- 肉市口、ecole- 学院路、vielle du temple- 城隍庙等。同时，由于文化渊源、生活习俗、城镇建设的差异，中外地名细究起来又有些小小的不同。

胜利日作刻度 VS 年号作刻度

在国外，以胜利纪念日命名街道是一种表达民族情怀的方式，如阿根廷首都布宜诺斯艾利斯将一条大街命名为七九大街，纪念 1816 年 7 月 9 日阿根廷摆脱了西班牙的殖民统治。中国则有不少皇帝所赐的年号地名，如景德镇，这种命名方式也被日韩等亚洲其他国家习得。

纪念各式人物 VS 纪念英烈

西方的人物是否能为一地命名，主要看其个人奋斗成就是否受到广泛认可，如亿万富翁的姓名同样可以作为地名。在中国，这个标准严苛得多，1946 年北平市临时参议会决议："查张自忠、佟麟阁、赵登禹三位将军为国成仁，忠勇可钦。拟将本市铁狮子胡同改称张自忠路，北沟沿改称佟麟阁路，南沟沿改称赵登禹路，以资纪念。"这是少有的将姓名作为路名的案例。

老城的序数词 VS 新城的序数词

在快速城镇化阶段，采用简单方便的序数词命名路名或许是难以避免的通用做法。所不同的是，在城镇化起步早的欧美国家，不少字母路名、数字路名已俨然有了文化底蕴，如纽约曼哈顿岛上的第五大道。

"洋地名"常见 VS "洋地名"不常见

在欧美国家，或由于本身是移民国家，或由于错综交织的历史，"洋地名"的概念非常淡，以外国国名、地名、人名作本地地名司空见惯。在中国，由于悠久历史和文化习俗，"洋地名"一般不受待见。

井、泉

水源地名 在西北沙漠地区，泉水、井水是人居聚落形成的基础，因此地名中井、泉、沟等字样远高于其他地区。

鼠、牛、马

生肖地名 "江村亥日长为市"，云贵地区自古有赶场、赶街生活风习，历史上集市多以 12 天为一期，赶集日往往以生肖命名，久而久之，集市地区也便以生肖命名。

春秋时期古地图

资料来源：
底图来源于"谭其骧.中国历史地图集 第一册：原始社会夏商西周春秋战国时期[M].中国地图出版社,1982：31-32."

天、地、玄、黄

读物地名

清朝初年，随着有计划的移民与大规模屯田，甘肃、内蒙古等西北地区大量新的村庄、集镇常常按照一定规律依次命名，如采用《千字文》中的字依次作为地名首字。

营、屯、堡

军垦地名

明清时期，北京及周边地区由于"直隶拱卫京师"的需要，建设了大量营所、粮屯、寨堡、墩台等军事及通信设施，随着城市发展，这些设施逐渐纳入城区范围，相关用字变为城市地名。

堤、堰、渠、埭

水利地名

长江下游太湖平原的稻作文化源远流长，由此兴修的水利设施与城乡发展密切相关，因此水利地名常常作为地名后缀使用。

铜、鼓

乐器地名

铜、鼓是古时候壮、侗、苗、彝、黎等民族常用乐器，但有趣的是，少数民族聚居区将其视为常事，铜、鼓地名较少，反倒是两广汉人地区出于文化兴趣大量使用带有"铜、鼓"的地名。

句、于、余、姑

古发音地名

"吴蛮夷，言多发声，数语共成一言。"古吴越地区留下的许多带有齐头式发语的地名，这些发语同样见于许多吴越王的名字，它们被用汉语记录下来后，有的原义渐至湮灭。

寻名问脉：古人如何给空间起名？

老地名里的时间脉络

老地名究竟有多老？有的地名沿用上千年，有的地方数易其名却还有曾用名的影子。老地名往往带着年代印记，一地兴衰从它的现名及曾用名中可窥见一斑。

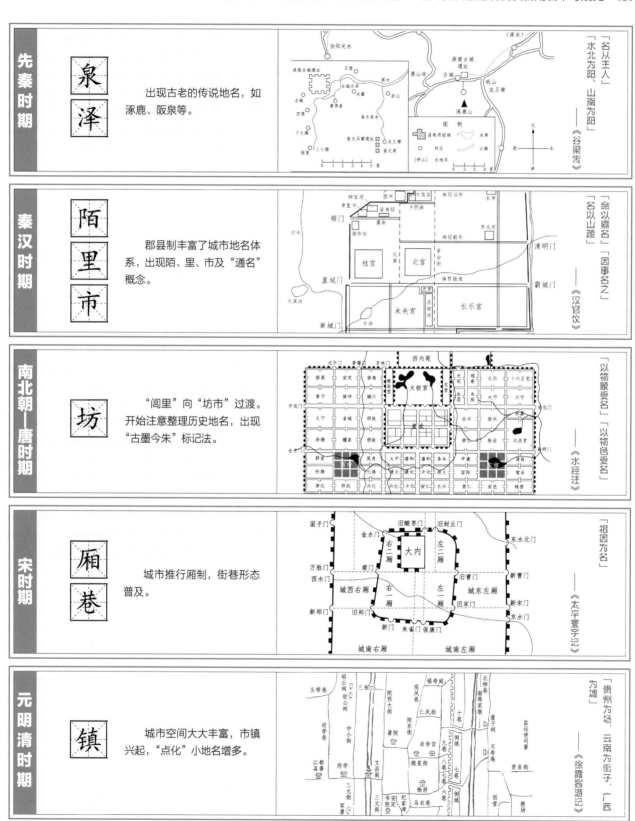

先秦时期
泉泽
出现古老的传说地名，如涿鹿、阪泉等。

「名从主人」「水北为阳、山南为阳」——《谷梁传》

秦汉时期
陌里市
郡县制丰富了城市地名体系，出现陌、里、市及"通名"概念。

「命以嘉名」「名以山陵」「因事名之」——《汉官仪》

南北朝—唐时期
坊
"闾里"向"坊市"过渡。开始注意整理历史地名，出现"古墨今朱"标记法。

「以物象受名」「以物色受名」——《水经注》

宋时期
厢巷
城市推行厢制，街巷形态普及。

「相因为名」——《太平寰宇记》

元明清时期
镇
城市空间大大丰富，市镇兴起，"点化"小地名增多。

「贵州为场、云南为街子、广西为墟」——《徐霞客游记》

老地名里的印象地图

　　城市中的老地名都分布在哪里？老地名是城市漫长演化过程中的空间积淀，一些老地名群还构成了独特的文化景观，透过老地名就能大致勾勒出一张老城面孔、一幅居民口中的地图。

资料来源：
作者根据部分城市的地名文化遗产名录整理自绘

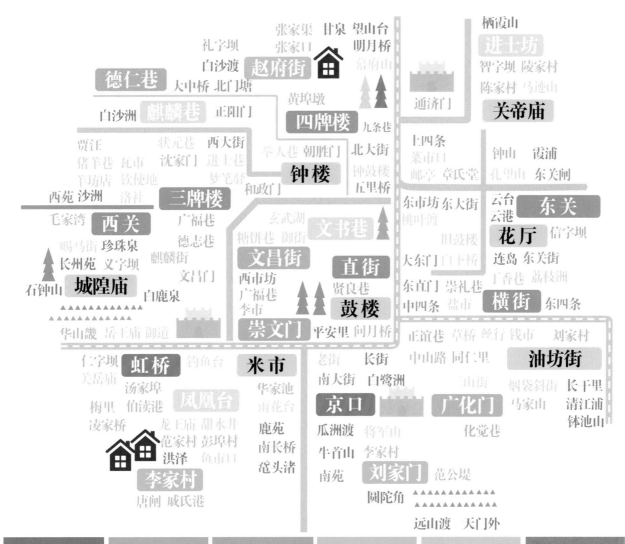

方位序数	祈愿信仰	传说旧迹	姓名称谓	民俗物用	风土形声
方位序数是最古老的地名规则，且往往以成群成串的形式出现，反映有序的规划建设。	地名如同人名一样，可以附有美好向往与期盼，除了大城市外，在边陲城市的德育教化中也十分重要。	乌衣巷因相传王谢子弟善着乌衣而得名，类似蕴含着典故、传说的地名主要通过口口相传，直白地记述了城市历史人文。	以地为"姓"、以姓为"地"是一对古老的传统，据考证，约一半的姓氏是由古代封国、采邑、乡亭名派生而来的。	民俗物用类老地名集中在老城生活区，尤其反映了自发形成的街巷功能格局。	石钟山因奇妙的形、声而引起郦道元、苏轼、曾国藩、俞樾等历代名士的兴趣探访、辨名，类似象形词、象声词在城市外围地名中非常常见。
"国中九经九纬，经涂九轨，左祖右社，前朝后市，市朝一夫"	"崇文门外柳，折赠不辞频"	"朱雀桥边野草花，乌衣巷口夕阳斜"	"萧萧淮家村，秋梨叶半坼"	"东市买骏马，西市买鞍鞯"	"下临深潭，微风鼓浪，水石相搏，声如洪钟" "全山皆空，如钟覆地"

老地名里的印象地图

趣名奇谈：地名之"最"背后的文化故事是什么？

最意外的重名——跟着地名走的故乡

今天的地名重名已经司空见惯，它们有的是简单起名规则"复制粘贴"的产物，如中山路、解放路；有的本就是古代的常见地名，如鼓楼、城隍庙……

除此之外，还有一类重名既不常见，也不明显。由于"安土重迁"的基因深植于中国人的血液中，历代的大规模移民往往带上家乡地名一起迁往他乡。地名跟着移民走，仿佛故乡就在身边，它们真切反映了人群的迁徙、空间的脚印。

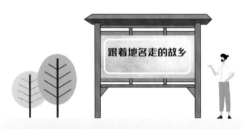

"鸡犬识新丰"与刘太公的乡愁

刘邦入主关中后，为解刘太公思乡之情，在骊邑县附近新建一个"丰"地，并改名新丰。新丰的街巷布局、房屋建筑与丰县一模一样，因而留有"鸡犬认户，人识其家"之说。

台北"芝山岩"与客家人的迁徙

据 1926 年《台湾在籍汉民乡贯别调查》，台湾的 375 万汉族人中，有 311.5 万人祖籍为福建，其中漳州、泉州籍占了 300 万人。例如，在台北市士林区有一山丘，因其风景很像漳州芝山，故以芝山岩为名。

成都广东会馆与"湖广填四川"

明清之际，一群客家人随"湖广填四川"的移民潮迁到成都洛带镇，建成了气势磅礴的广东会馆、精巧雅致的江西会馆、玲珑小巧的湖广会馆等，共同构成了全国首屈一指的客家会馆文化。

上海"新广路""苏北里"与天南地北的移民

19 世纪下半叶，大量广东人进入上海，并集中开设商店、酒馆、茶楼，连店里的留声机放的都是《步步高》《雨打芭蕉》这样的粤音。1918 年，附近修筑了一条新马路，便直接被命名为广东街，1949 年又更名为新广路。上海类似地名还有苏北里、南通新村、无锡弄、宁波弄堂、西安坊……

镇江"南徐"侨州与衣冠南渡

"楼头广陵近，九月在南徐"。永嘉之乱后，东晋朝廷设置了一批侨州郡县，"寓居江左者，皆侨置本土"，"皆取旧壤之名"。"南徐州"就是徐州的侨州，州治在今镇江京口，因此也有"南徐"之称。

最遥远的"进出口"——洋地名从何而来

如果你在中国城市里看到一个罗马城，一条居里夫人路，自然会非常奇怪。近年来对洋地名的批判屡见报端，多地开展洋地名整治运动，在地名阵地上保护城市的地域特色。实际上，我们的城市并非容不下洋地名，洋地名是文化侵略还是传播，要看背后的文化根基。历史上不少中国地名的"进出口"，反映的是独立潮头的文化风骚、包容并蓄的大国自信。

洋地名清理整治专项行动

2016 年，《人民日报》发表文章《随意取洋名，真叫人犯晕》批评国内"曼哈顿""泰晤士""维也纳""地中海""香榭丽舍"等洋地名泛滥。此后，多个城市开展洋地名清理整治行动。2018 年，民政部、住房和城乡建设部等部门联合发布《关于进一步清理整治不规范地名的通知》，要求既要重点清理整治社会影响恶劣的"大、洋、怪、重"等不规范地名，又要防止随意扩大清理整治范围。

进口老地名

上海的"窦乐安路"与洋进士

19 世纪 40 年代以后，上海的大部分洋地名都被更改，但依旧有少数几个延续下来。在近代教育家叶圣陶与小报童对话的雕塑旁，有一块"窦乐安路"的路牌，这是上海文化街多伦路原来的路名。类似残留一丝"洋味儿"的地名，已不再裹挟着强势国家的影响，而只是时代的见证、气度的展现。

北京的"大安澜营"与紫禁城修建

明永乐年间，明成祖朱棣在征讨安南（今越南）时，带回安南工匠七千余人，于是便把国际劳工宿舍命名为安南营。安南营就是今天大栅栏地区的大安澜营胡同。而从这安南营中走出一名杰出的建筑师——阮安，参与了明正德年间北京城九门的扩建。

新疆的"安南工"与"移民实边"

左宗棠收复新疆后，天山北麓地区又一次迎来了移民潮。当时，越南北部一支部族首领率领部众共 22 户一百多人逃入中国云南请求内附，一部分被安排到乌鲁木齐屯垦，称安南工。此后又有九百多名安南人经云南来此安家落户。

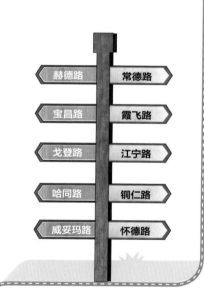

赫德路　常德路
宝昌路　霞飞路
戈登路　江宁路
哈同路　铜仁路
威妥玛路　怀德路

出口老地名

"日本洛阳"的"朱雀大街"

这首《洛中作》说的不是中国洛阳，而是日本战国时代直江兼续为日本的"洛阳"——京都所作。京都仿照大唐长安城而建，都城的中轴线朱雀大街、朱雀门、东市、西市等，从规制到名字都照搬长安。朱雀大街东侧被称为左京"洛阳"，西侧被称为右京"长安"。随着低洼潮湿的"长安"逐渐荒废，"洛阳"就成了京都的一个雅号。

越南世界遗产中的华侨古宅与"关帝庙"

越南会安古城从 16 世纪开始，作为中国、日本、荷兰、印度、西班牙等国商人的货物集散地。1999 年会安被列入世界遗产名录。古城里有一处华侨古宅——均胜栈，还有观音庙、关帝庙等中国式庙宇，以及福建会馆、广肇会馆、潮州会馆等。

独在他乡忆旧游，非骡非驾自风流。
团团影落湖边月，天上人间一样秋。
——《洛中作》

洛阳

最抢手的传说——这些事到底发生在哪儿？

不同地方争夺同一个地名的冠名权自古有之，这样的地名有的反映了古代城市常见的邻里空间矛盾，有的背后是谈资、美誉，有的在今天还是带来实在好处的文化资本。

三尺巷在哪儿？——靠教化解决宅基地争端

这个著名故事中的巷子在哪儿、大官是谁有多个版本，包括桐城六尺巷（清代大学士张英）、聊城仁义胡同（清代开国状元傅以渐）、泰宁尚书第（明代兵部尚书李春烨）、安阳仁义巷（明代宰相郭朴）、合肥龚湾巷（清代龚大司马）、寿县正阳关贤良街（清代正阳名人余福九）等。可见古代邻里间的宅基地争端多么普遍，小小地名承载的是睦邻友爱的愿望。

千里修书只为墙，
让他三尺又何妨？
万里长城今犹在，
不见当年秦始皇。

徐福村在哪儿？——千年传说的文化资本

"徐福东渡"是国家级非物质文化遗产代表性项目，山东胶南、山东黄岛、江苏赣榆、浙江慈溪四地均为申报单位，均有自己的徐福村，山东龙口、山东平度、河北秦皇岛也陆续加入徐福村、徐福镇的争夺行列。以慈溪徐福村为例，自 2000 年由上田央村改名以来，打造徐福东渡主题的达蓬山旅游度假区，发展民宿经济，旺季民宿供不应求。

隆中在哪儿？——名高天下何必辨

诸葛亮在哪里躬耕，《隆中对》发生在哪里？历代鄂豫两地的文人均引经据典，以诸葛亮隐居于本地为光荣。根据谭其骧等学者研究，隆中在哪儿或已有定论，但正如清代顾嘉蘅给武侯祠题写的对联："心在朝廷，原无论先主后主。名高天下，何必辨襄阳南阳。"

最难读的生僻字——记载时空变迁的方言

普通话要推广，但近年来也有人意识到不能一刀切地抹杀方言的多样性。同样地，开展地名简化、规范化工作的同时，或许也要注意保护部分难读的地名，它们不但记载了一地的历史，还可能是当地人的情感所系。

地名简化、标准化与"名从主人"

早在第一次全国地名普查开始之际，国务院在 1979 年发布的《关于地名命名更名的暂行规定》中，要求地理实体命名"不用生僻字和字形、字音容易混淆的字"，不符合该规定的"原则上应予更名"。

另外，古老的"名从主人"原则仍然被尊重，2021 年修订的《地名管理条例》要求在命名、更名时"尊重当地群众的愿望，与有关各方协商一致"，"当地群众不同意改的地名，不要更改"。

最容易误会的谐音——地名里的民族之声

《中华遗产》杂志在官方微博上面向读者做了一次各地"奇葩"地名的征集活动，结果不乏恐怖、另类或恰巧与网络用语重合的地名。还有一类，则是由于少数民族语言译为汉字造成的误会，其背后是我国语系多样性的折射。

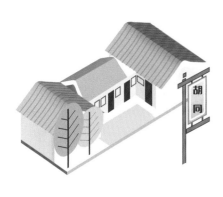

蒙语地名"海""菊儿胡同""梅竹胡同"

蒙语地名在曾建设元大都的北京十分常见。由前海、后海、西海组成的什刹海地区，并非是夸大水面面积，而是源自蒙语"海子"，意思是花园。"胡同"源于元代蒙古语"水井"，后来引申为街、巷的意思，有些胡同名整个都是蒙语。例如，菊儿胡同、梅竹斜街，与植物并没有关系，"菊儿胡同"意思是双井，"梅竹"意思是倾斜。茶食胡同、沙拉胡同和食物也没有关系，"茶食"意思是纸张，"沙拉"意思是珊瑚，沙拉胡同在元代是"一街金银珍宝贝"的珠宝市。

满语地名"威虎山""和睦""张广才"

在东三省，满语地名广布。牡丹江、松花江与牡丹、松花都没有关系，意思分别是弯曲的江、像天河一样宽阔的江。"虎林""威虎"都没有老虎，意思是沙鸥之地、尖山。"和睦"不是吉祥话，而是源自满语"和哩"，意为"骆驼峰"。"张广才"的意思才是吉祥如意，而不是与叫张广才的人有关。

维吾尔语地名"宝贝"

天山以南广泛分布着突厥语族地名，其中多数为维吾尔语。"宝贝"位于新疆塔城地区托里县铁厂沟镇，是个金矿点。新中国成立初期，这里是一片草场，被划分给一个名叫布白的哈萨克族牧民，所以这里就被叫做布白，渐渐地，布白被传成了"宝贝"。

彝语地名"堕沙"

彝语地名集中分布在云贵地区，彝语内部方言差异极大。例如，黄草岭"堕沙"寨源自彝语的分支哈尼语，它与当地古老的"地名连名制"相关——由母寨分出的若干子寨均带有母寨地名的一个字，"堕沙"指的是由母寨（堕铁）搬迁到好住的地方（沙）。

难读的通名：娄渎泾浜画江南

在人居延绵数千年的江南水乡地区，衍生出数不清的与水有关的地名。例如，"塘浦圩（wéi）田"，源于行之有效的水利和农业制度，使得江南成为沃野千里的鱼米之乡。宋代以后，原先居住和耕种在大圩里的农户在堤岸上开挖小河道，也就是"泾"（jīng）、"浜"（bāng），小圩体系成为江南最具代表性的水乡形态。

此外，据说小地名中带有"里"字的，一般是圩心所在地；小地名中带有"头""老""岗"的，一般是圩头所在地。其余如"娄"（lóu）、"港"、"渎"（dú）、"墩"、"岗"等，也都是表示纵横交错的沟渠水道与岛屿形态。

顺着墩、头、岗、里，可描摹出当年圩田间的高低起伏；顺着塘、浦、泾、浜、渎的流向，可勾勒出大圩、小圩的格局和水路脉络，它们共同构成破解水乡复杂环境信息的密码。

难读的专名："甪直"的形与意

甪（lù）直被誉为"神州水乡第一镇"，境内宋明代古桥数十座，有古桥博物馆之称。"甪直"一名，有说古镇有三横三竖 6 条笔直走向的河流，而流经镇北的吴淞江正好像头上的一撇，鸟瞰就像一个"甪"字；也有说镇东有直港，水流形态有如"甪"字；还有说与古代独角神兽"甪端"有关，甪端知远方之事，专蹲风水宝地。镇名相关的种种说法早已融入了甪直的文化风景与精神气质。

改回来 **55%**

33% 维持现状

微博调查统计：已经消失的地名要改回来吗？

地名随着区位、环境、功能等变化而改来改去是常事，保护老地名并不意味着一成不变。老地名就像是一个古老的容器，好与坏，平顺与波折，平凡或伟大，美丽或粗俗，统统被装了进去，我们会被其内部精彩奇异的结构惊艳到，这就是独特的空间基因和性格气质。在不同情境下，这个容器可以恢复旧貌，可以修旧如旧，也可以发挥许多不同的作用。

北京

1980~1990 年旧城胡同减少 41 条，1990~2003 年减少 650 条，其中大部分胡同名随之消失。

南京

1982~2010 年，574 个城市道路名减少 66 个，主要集中在门西片区、新街口西北部。

广州

1990~2010 年老地名消失近 2000 个，其中荔湾区地名消失 437 个，地名变化率近 43%。

南昌

至 2013 年，503 个古地名中仅存 268 个。

上海

老城厢 420 个传统地名中至 2017 年仅存 164 个。

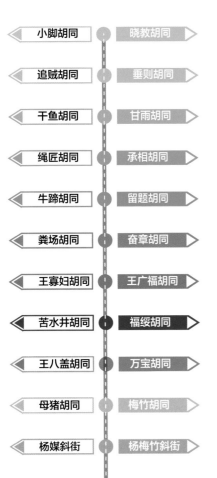

小脚胡同	晓教胡同
追贼胡同	垂则胡同
干鱼胡同	甘雨胡同
绳匠胡同	承相胡同
牛蹄胡同	留题胡同
粪场胡同	奋章胡同
王寡妇胡同	王广福胡同
苦水井胡同	福绥胡同
王八盖胡同	万宝胡同
母猪胡同	梅竹胡同
杨媒斜街	杨梅竹斜街
哑巴胡同	雅宝路

改头换面——地名如诗"重构世界"

地名可以成为改造现实、重构理想世界的一种方式。原有地名进化升级，把美好的涵义赋予一个地方，地名本身从此富有了画面感，不再只是空间范围的代号，而是与风景民俗等一起成为审美的对象，相得益彰。

"当中国人有条件自己构造出一个'世界'的时候，他们设计出来的世界……真正的原型不是现实的世界，而是他们想象中的那个理想世界。"

——日本汉学家武田雅哉

雅俗共赏：北京胡同改名"进化"

北京胡同命名的初始阶段非常直白地反映了旧地点、旧官制、旧人物、旧行业的特点，随着王朝更替和环境变化，不时地进行修改。据称，明代的胡同名字到了清代便被改了三分之一。20 世纪 60 年代又按照"符合习惯、照顾历史、体现规划、好找好记"的原则进行了较大规模整顿，尤其是更改了十分庸俗难听的名称。南锣鼓巷、杨梅竹斜街等著名街巷，都曾有意想不到的旧名字，而如今它们的新名字俨然已带有了新的文艺范儿和内涵。

登临妙境：从罗家山到"珞珈山"

坐落于武汉大学的珞珈山，原名"落袈山""罗家山"，本是一座普通的小山。曾任武汉大学文学院院长的闻一多先生嫌它太俗，巧用谐音的方法改成"珞珈山"，顿时美感爆棚，将小山"构造"成了理想中的美妙佛土。佛经中有"布怛珞珈"一词，意为光明山，是观自在菩萨的居处。如今珞珈山已成为校园内著名景点，人们走在花繁林茂的珞珈山中，或许会产生置身佛土的想象。

解码历史——帮忙认识价值、重塑空间

"地名是历史学和地理学的第二语言。"以地名为线索去印证历史遗迹是非常传统的工作方法，今天它被越来越多地运用到城乡历史文化保护传承工作中。

借老地名发掘历史遗迹：北宋东京扬州门

北宋都城东京（今河南开封），在宋代灭亡后由于黄河屡次泛滥，泥沙淤积，逐渐被深埋在地下 3~10m，城址无从考证。据史料记载，东京城东南有一座水门，因汴河水经此通向扬州，俗称扬州门。考古工作者对开封城东南方的杨正门村进行挖掘，果然在这里发现了东京外城的东南角。

借老地名还原历史格局：广州"十三行"地名群

代表大清帝国具体经营对外贸易的特殊系统——广州"十三行"，地面上的历史建筑留存较少，但遗址地名可考。大多"十三行"地名皆因首次"设店开街造城"而来，包括行馆商馆名、商馆区买卖街名、仓库群名、行主别墅庭园名、外港码头税馆名、外国水手驻地名、外商游览景区名、碑刻墓地教堂名、军事要塞遗址名等。通过地名群能够还原当时的世界商埠形态、行商家族史、古港的漂移、河道的变窄、沙洲的沉浮、河涌的覆灭、古街的延长、新区的形成等沧桑之变。

借老地名传承历史功能：临清"箍桶巷""纸马巷""竹竿巷"

山东临清在老街保护更新中，考虑到历史街巷名称非常明确的文化内涵，在"箍桶巷"中恢复箍桶作坊，将花圈寿衣店聚集到"纸马巷"，在"竹竿巷"中发展竹编产业。

借老地名重塑历史环境："淮上三湖"历史水系

淮安在古城规划时，打通萧湖、勺湖和月湖等水域与古城水系的连接，畅通"淮上三湖"游览线，让老地名实体空间"活"起来，老地名随之火起来。

东京扬州门

广州"十三行"

临清"箍桶巷"

"淮上三湖"

萧湖
北接千年古镇河下，西依京杭大运河，水面百余亩，湖中点缀着大小不一的 9 座小岛，分南、北两区，中间为莲花古街。

勺湖
因形似一把勺子而得名，如今已辟为勺湖公园，湖滨有一座四层佛塔，湖光塔影，引人入胜。

月湖
万柳池又名月湖，水平如镜，芰荷杨柳，春生蒲菜，秋有甘藕鲜莲，一年四季出产鳊鲢鲤鲫，有古道院佛寺。

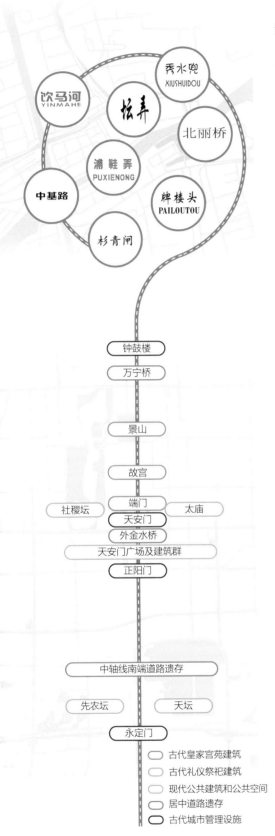

资料来源：
北京文物局.北京中轴线保护管理规划（2022年—2035年）
[Z].2023.

变身 IP——以老地名塑造城市名片

老地名不再作为一地的名字，但作为市民的集体记忆融入城市更新、文化旅游等工程，成为城市名片。

变身店铺 IP：嘉兴老地名注册商标

嘉兴月河街区及周边的牌楼头、北丽桥、杉青闸、秀水兜、蒲鞋弄、饮马河、坛弄、中基路 8 个老地名被申请注册成商标。公司负责人认为这可以帮助月河街区"上升到更高档次的卖文化，让来月河街区旅游的人觉得有意思，乐于消费。"

变身城市 IP：日本熊本县熊本熊

2010 年以前，熊本县只是位于日本九州岛的一个以农业为主的小城镇。2010 年，熊本县委托设计师水野学设计了名为 Kumamon 的城市吉祥物熊本熊，身份为营业部长兼幸福部长。根据官方解释，熊本熊的主色调代表了熊本城的黑色，而点缀的红色则凸显了当地的火山地理特点。当然也可以简单理解为，一头有两坨腮红的黑熊。根据当地银行计算，熊本熊出道两年为该县带来的经济回报达 1244 亿日元，周边商品销售额从 2011 年的 25 亿日元逐年上涨至 2018 年的 1505 亿日元。

藏身别处——老地名换个姿态记录展示

即使老地名不再作为日常管理的官方地名，所依附的空间实体也不在了，但老地名仍旧可以通过多种姿态存在于记忆当中。

在原址上：北京中轴线历史节点标识

据统计，北京中轴线上的历史节点有 12 个基本消失，如明代建成的地安门、正阳桥仅保留了地名，地安门燕翅楼、北上门、长安左门、长安右门、千步廊、中华门、棋盘街、正阳门瓮城已完全消失，永定门箭楼和瓮城只保留了地面标志。北京中轴线首批 17 个规划保护项目就包括对地安门燕翅楼历史位置进行地面标识，在天桥原址进行地面标识并对天桥双碑文化进行景观展示。

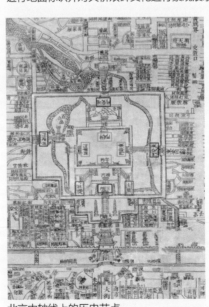

北京中轴线上的历史节点

资料来源：
知乎.张万里万里征程地理：北京中轴线为什么是歪的？[EB/OL].(2022-04-22)[2023-05-30]. https://zhuanlan.zhihu.com/p/503096917.

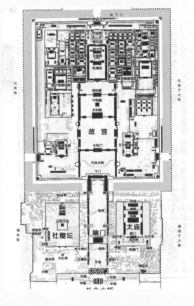

资料来源：
北京文物局.北京中轴线保护管理规划（2022年—2035年）[Z].2023.

在地图里：上海城市地图中的"区片地名"

区片地名指某一历史上知名地点及四周附近地区，无明确的界线，但久用不衰。《上海市实用地图册》1997 年版标识城区区片地名 39 个，2000 年 68 个，2010 年达到 117 个。例如，缘起于 16 世纪的工人聚居区"曹家渡"，自 20 世纪 20 年代撤渡后就是以区片地名的形式延续下来，逐渐演变成富有繁华市集、低收入劳动者、河流、桥梁等意象的名称，至今仍不时在新闻中出现。

上海部分区片地名及其来源

现属政区	区片名称	1997年地图标识	2000年地图标识	2010年地图标识	曾作近现代政区名	缘起（类型/时间）
黄埔区含原南市区	泥城桥	☆		☆		近代市政设施（但与古代河流和桥梁有关）/1853
	外滩	☆	☆	☆		近代金融商贸区（但与古代河流滩地有关）/明代
	八仙桥	☆	☆	☆		近代市政设施（但与古代河流和桥梁有关）/1860
	大世界	☆	☆	☆		近代城市游乐场/1917
	小北门	☆	☆	☆		近代市政设施（但与已拆除的古代城墙有关）/1909
	老北门	☆	☆	☆		古代市政、防御设施/1553
	新北门	☆	☆	☆		近代市政设施（但与已拆除的古代城墙有关）/1860
	十六铺	☆	☆	☆		古代商业区/清中期
	小东门	☆	☆	☆		古代市政、防御设施/1553
	大东门	☆	☆	☆		古代市政、防御设施/1553
	小南门	☆	☆	☆		古代市政、防御设施/1553
	大南门	☆	☆	☆		古代市政、防御设施/1553
	老西门	☆	☆	☆		古代市政、防御设施/1553
	小西门	☆	☆	☆		近代市政设施（但与已拆除的古代城墙有关）/1905
	斜桥		☆	☆		古代桥梁/明初
	董家渡		☆	☆		古代渡口/明末
	老闸桥		☆	☆	☆	古代水闸/清中期
	外白渡桥			☆		近代城市标志性景观（但与古代环境结构有关）/1873
	新开河			☆		近代市政设施（但显示水乡环境的改变）/1865
	人民广场			☆		现代城市标志性景观/1951
虹口区	镇北	☆				古代乡村、市镇聚落/元代
	镇西	☆				古代乡村、市镇聚落/元代
	大柏树	☆	☆	☆		近代市政设施/1937
	提篮桥	☆	☆	☆	☆	古代河流、桥梁/清中期
	虹镇		☆			古代乡村、市镇聚落、河流/清初
	江湾			☆	☆	古代乡村、市镇聚落、河流/宋代
	三角地			☆		近代市政设施/1915
徐汇区	徐家汇	☆	☆	☆	☆	古代乡村、市镇聚落、河流/明末
	龙华		☆	☆	☆	古代乡村、市镇聚落、河流、庙宇/三国
	漕河泾		☆	☆		古代乡村、市镇聚落、河流/明代
	港口		☆	☆		古代乡村聚落、河流/清末
	枫林桥			☆		近代市政设施（+传统水乡景观通名）/1928
	柿子湾			☆		近代市政设施（+传统水乡聚落通名）/1940
	新龙华			☆		近代市政设施/1916
	关港			☆		古代乡村聚落、河流/明代
杨浦区	五角场	☆	☆	☆		近代市政设施（+传统聚落通名）/1929
	控江			☆		近代市政设施/1926
	茭白园			☆		古代乡村聚落/清中期
	引翔港		☆	☆	☆	古代河流/明中期
	八埭头		☆	☆		近代城市聚落（以传统聚落命名方式）/1908
	复兴岛		☆	☆		近代市政设施（+传统水乡景观通名）/1926
	定海桥		☆	☆		近代市政设施（+传统水乡景观通名）/1927

资料来源：
吴俊范.城市区片地名的演化机制及其历史记忆功能——以上海中心城区为例[J].史林,2013(02):15-26+188.

参考文献：
[1] 周振鹤,游汝杰.方言与中国文化[M].上海:上海人民出版社,2019.
[2] 中华遗产.最中国的地名(上)[M].北京:中华书局,2018.
[3] 中华遗产.最中国的地名(下)[M].北京:中华书局,2018.
[4] 徐兆奎,韩光辉.中国地名史话[M].北京:中国国际广播音像出版社,2016.
[5] 江苏省地方志编纂委员会办公室.江苏地名溯源[M].北京:方志出版社,2004.
[6] 纪小美,崔会芳,陶卓民.社会记忆视角下的南京城市街巷地名变迁[J].地理科学进展,2019,38(11):1692-1700.
[7] 陈晨,修春亮,陈伟,等.基于GIS的北京地名文化景观空间分布特征及其成因[J].地理科学,2014,34(4):420-429.
[8] 杨宏烈.广州"十三行"地名文化的考究与利用[J].热带地理,2013,33(6):737-747.
[9] 吴俊范.城市区片地名的演化机制及其历史记忆功能——以上海中心城区为例[J].史林,2013(2):15-26,188.
[10] 华林甫.中国历代更改重复地名及其现实意义[J].历史研究,2000(4):39-60,190-191.
[11] 史念海.论地名的研究和有关规律的探索[J].中国历史地理论丛,1985(1):36-47.

让更多历史文化遗产资源"活起来"
——对话故宫博物院故宫学院院长单霁翔

"在故宫博物院工作了 7 年多，我这个'看门人'只做了一件事，就是将'活'字写入故宫的大门，让故宫文化遗产资源走近人们的生活，走向更广阔的空间。"

从建筑规划师到规划局局长，从国家文物局到故宫博物院，再到故宫学院，作为故宫流量级 IP 的打造者，故宫博物院前掌门人单霁翔被称为"网红院长"。他曾花 5 个月时间，走遍故宫 1200 座建筑、9371 间房，让紫禁城里 186 万多件历史文物重焕生机。他还带领团队围绕故宫打造了《我在故宫修文物》《国家宝藏》《上新了·故宫》等综艺节目。《城镇化》聚焦遗产资源活化利用这一主题，与中国文物学会会长单霁翔从历史文化保护理念变化、历史城市营造、场所创作、传承工作等几个维度，展开了一次学术对话。

单霁翔
中国文物学会会长、故宫博物院学术委员会主任，曾任北京市规划委员会主任、国家文物局局长、故宫博物院院长；出版《大运河漂来紫禁城》《城市化发展与文化遗产保护》等专著。

文化新境，从文物保护走向文化遗产保护

《城镇化》：近年来，国家高度重视历史文化保护工作，2021 年中共中央办公厅、国务院办公厅印发《关于在城乡建设中加强历史文化保护传承的意见》，文件对历史文化遗产的保护对象范围和内涵都有诸多新提法。作为历史文化保护工作的亲历者和见证人，您认为当前历史文化遗产保护理念有哪些新发展？

单霁翔：其实我国从 1982 年建立历史文化名城保护制度以来，历史文化保护对象的内涵和外延一直在不断拓展。这次"两办"关于历史文化保护工作的文件，对历史文化保护对象从时间维度作了较大延伸：从见证 5000 多年中华文明史、180 多年的近代史、100 年的建党史、70 多年的新中国史、40 多年的改革开放史的代表性历史文化遗存到当代重要的建设成果，系统、分门别类、分时间段地把保护对象明确下来。此外，从国家申报世界遗产的几次经历来看，遗产的概念也是在不断拓展。

第一是注重人与自然共同的创造，从泰山申遗开始出现了第三类文化和自然混合遗产，从文物保护走向文化遗产保护。第二是倡导保护人们居住其中、生产其中的地域，如历史文化街区、江南水乡、传统村落、民族村寨、袁隆平院士做了 37 年的试验田等。第三是注重区域性的大型世界文化遗产，如丝绸之路、大运河等线形的文化廊道都列入了保护对象。第四是文化遗产保护和文物保护开始关注近代、现代，包括大庆第一

口油井、漳州女排基地、酒泉卫星基地发射中心等。第五是注重保护自然地域的传统民居、工业遗产，对张謇先生南通大生纱厂、上海杨树浦自来水厂、长春第一汽车制造厂包括对面 105 栋住宅都整体进行了保护。第六是普遍认同非物质要素应该一起保护，如羌族的羌笛、黎族的黎锦、哈尼族的耕作技术、傣族的泼水节、汉族的过年习俗，还有日常印象最深刻的老字号。

《城镇化》：如今，人民群众对历史文化的关注程度较以往有了重大提升，您认为新时期历史文化遗产保护如何更好发挥全社会力量？

单霁翔：随着社会经济水平的不断提升，人民群众对高质量历史文化遗产的文化需求不断增强，我们应该利用一切机会，不仅要将文化遗产知识努力传播，更要将历史文化价值惠及社会的方方面面，促进形成历史文化保护的正向循环，重点做好以下工作。

首先，我们要给予历史文化遗产以尊严。书画、铜器、玉器、瓷器等可移动文物，已经被人们认识到其对现实生活的文化意义，并被精心加以保护。那么对于古代建筑、考古遗址、历史文化街区、历史村镇等不可移动文物，也应该使广大民众认识到其对现实生活的文化意义，让它们成为城市中最美丽、最令人向往的地方，能给人们带来精神愉悦和文化灵感的地方。只有这样，文化遗产才能拥有尊严。

其次，我们要努力推动文化遗产事业融入经济社会发展，不能仅仅把文化遗产保护看作是专

业部门、行业系统的工作，更应该为更多部门和社会民众所理解，通过一件件保护实践的成果，使历史文化遗产保护成为促进经济社会发展的积极力量。

最后，要让广大民众看见、听到、感受到历史文化遗产保护成果。只有当地民众从文化遗产保护的实践中获得实实在在的切身利益，才会倾心地拥护、支持、监督、参与文化遗产保护，文化遗产保护成果才能更大限度地惠及民众。

也就是说，通过保护行动使文化遗产拥有尊严，有尊严的文化遗产才能融入经济社会发展，保护成果才能更好地惠及民众，这是文化遗产保护的良性循环。

否则，一些文化遗产的突出价值长期得不到社会所知，无法得到及时保护修缮和功能活化，缺乏应有的文化尊严，沦为城市中脏、乱、差的场所，当地政府也把这些文化遗产看作经济社会发展的绊脚石，当地民众也因为文化遗产保护不力而深受其扰，如此便是恶性循环。因此，文化遗产保护工作必须积极争取良性循环。

城市意境，从功能城市走向文化城市

《城镇化》：在人类文明发展进程中，城市是最为重要的空间载体，留下了众多历史文化遗产，您如何看待历史城市与历史文化遗产之间的关系？

单霁翔：历史城市是由一代又一代人共同缔造的，是人类文明发展的见证，是经济增长的引擎，是创新创造的核心，在人类文明中占据着举足轻重的地位。在《世界遗产名录》中，城市类世界遗产是最大的单一类别，名录中 897 个文化遗产项目中，136 个是历史城市、历史中心和历史城镇，占世界文化遗产总数的 15% 以上。这说明文化遗产保护与历史城市保护密不可分。

一座历史性城市的文化遗产保护要远比一组古代建筑群或一处古代文化遗址的保护复杂得多，同时对人们现实生活的影响也更加明显。文化遗产存留在城市的空间中、融合在人们的生活里，对城市的风貌、人们的行为起着潜移默化的作用，能够提升城市吸引力和竞争力。

《城镇化》：江苏自古以来就是鱼米之乡，城镇密布，社会经济发达，目前拥有全国最多的国家历史文化名城、中国历史文化名镇、中国历史文化街区，历史文化遗产与城市紧密结合，对于如何整体塑造历史城市，请谈谈您的看法。

单霁翔：江苏 2022 年颁布了《关于在城乡建设中加强历史文化保护传承的实施意见》，提出融入城市更新行动、融入现代生活，我认为这很好地体现了江苏整体推进历史城市发展的思路。整体塑造历史城市应该从历史文化遗产保护和传承的基础工作出发，从战略性的文化视角建设和发展城市，使得城市不仅仅功能合理，更具有丰富的文化内涵和品位。

第一，要坚守城市文化理想。我认为应该保留城市丰富的文化记忆，不同时代文化遗址在城市空间中可以叠加。例如，历史文化名城扬州，一直坚守着自己的文化理想，几十年来没有让一栋不和谐的建筑侵入古典园林瘦西湖的文化景观

扬州流畅和舒展的城市天际轮廓线

南京明城墙遗址公园

佛罗伦萨历史城市整体风貌

之中。威尼斯这座城市的市民，几百年来没有让一辆机动车驶入自己的城市，保持着城市的独特风貌。

第二，要建设属于人的历史城市。历史文化保护必须要围绕人，要避免孤岛式、封闭式保护，只有每一个历史场所都有人的活力参与，成为老百姓可观可感、可进入可体验的开放共享空间，才真正有意义，这对城市管理者和决策者提出了更高要求。不少城市不惜花很多钱、下很大功夫，将河道变成水槽，两边还要配上汉白玉或者青白石的栏杆，结果人为地把人与自然隔得很远。我们出差到格拉茨，住在城市广场附近，当我们早饭以后出去开会、中午回来吃饭、下午再出去参观和晚上回来时，广场上总是有人在活动，包括老人、孩子、青年人，不同时段有不同市民群体在这里休闲娱乐。我们感到城市历史广场就应该是城市中的公共客厅。南京市就把环城的明城墙遗址进行了很好的修缮和合理利用，今天南京市民就有条件在明城墙遗址公园里面早晨锻炼、下午散步、晚上休闲娱乐。

第三，要放大历史文化的潜在竞争力。在物质增长方式趋同、资源与能源压力增大的今天，具有独特性的历史文化资源将成为城市发展的驱动力，体现出更强的经济社会价值。历史城市应该重点挖掘自身历史文化资源，将其转译成空间符号，在建筑、街道、街区、公共空间、天际线等景观层次中进行创造性表达，增强人们对历史文化的体验感，形成强大的文化吸引力。当我们去参观佛罗伦萨的时候，当地人不是急于把我们领过古桥，去看那些教堂、美术馆和城市雕塑，而是反过来把我们领到对面山坡上的观景平台，甚至为我们提供了一杯免费的咖啡。我们喝一口咖啡，举目一望的时候，才理解了他们的良

苦用心，也感受到佛罗伦萨城市管理者的智慧安排，原来在这个地方可以看到佛罗伦萨最具有历史感、最美丽壮观的城市风貌，最能感受到他们城市的文化特色。

第四，大力促进文化创新创意，引领城市发展。我认为当前城市不仅面临城市文化遗产保护不力的问题，同时也面临文化创造乏力的问题。城市文化是活的生命，只有发展才有生命力，只有传播才有影响力，只有具备影响力，城市发展才有持续的力量。所以城市文化不仅需要积淀，更需要创新。只有文化内涵丰富、发展潜力强大的城市才是魅力无穷、活力无限的城市。

场所情境，古与今的空间融合

《城镇化》： 如今，我们看到历史文化资源在城市特色塑造、城市活力营造和城市创新力激发方面发挥着越来越重要的作用，您如何看待历史文化街区和遗址保护中的"古为今用"，我们该如何更好地利用这些历史文化资源？

单霁翔： 历史文化街区其实就是人们传统的和谐的生活环境，传统社区有这样的优势，人们能更多地享受交流。我希望更多的历史街区能够保护起来建成社区博物馆。福州市三坊七巷中，我们调查选择了九处最好的带庭院建筑作为全国重点文物保护单位进行保护，每处周围设立了大片的文化建控地带，建立社区博物馆，社区民众在自己祖居的地方充满自信地把街道和庭院恢复起来，历史人物和历史事件通过展示鲜活起来。今天的三坊七巷像成都的宽窄巷子一样，成为市民最喜欢的打卡地，也成为福州旅游者首选地。很多农村也在努力，如今天在贵州、广西、云南开始实验做生态博物馆。生态博物馆不是建高大的博物馆建筑，而是让村庄突出特色，民众在自

己的村庄展示自己的传统文化。

再就是遗址。大明宫考古遗址考古公园、扬州大遗址公园、良渚古城遗址公园等150多个考古遗址今天在各城市呈现出来，让考古遗址像公园般美丽，改变了很多城市对待文化遗产的态度，更促进当地就业，满足人们生产、生活的需要。今天我们世界各地的观众在这里能够享受五千年文明真实的文化历史，使这些大遗址成为世界遗产，也成为今天年轻人特别喜欢的打卡地。

《城镇化》：在城市特色空间场所营造中，博物馆建筑是重要的方面。您曾经在故宫博物院工作时就现代化场馆改造做过大量工作和创新实践，您认为有哪些成功的经验和有益的探索？

单霁翔：古建筑如何成为老百姓喜爱的场所极具挑战，故宫博物院的难题是所用的馆舍是过去的皇宫建筑，成为现代化的博物馆需要花更多的心思。当我们的文物得不到呵护的时候，它们是没有尊严的，蓬头垢面的，只有保护好、面对观众的时候它们才会神采奕奕。

博物馆在城市中是最应该讲究文化理念的公共设施。从西安历史博物馆——改革开放以后第一座大型博物馆的建设，到第一座新型博物馆——上海博物馆的建设，到今天很多民族地区也建立了非常好的博物馆，很多地市也建立了非常有特色的博物馆，如苏州博物馆、宁波博物馆。

吴良镛先生设计的南通博物苑新馆，尊重了张謇先生南通博物苑的轴线、建筑的布局，既和谐又有新意，体现传统历史文化和时代精神的融合。良渚博物馆也很好，不以高大取胜，用非常朴素的建筑语言来展示对遗址的尊重。诸多博物馆中，我特别喜欢吴良镛先生设计的江宁织造博物馆，博物馆位于城市核心区域，人们从地铁车站进入博物馆就像进入了城市的公园，能够享受城市的绿荫和四季的风光。公园下面有江宁织造文化历史陈列、云锦表演等，成为人们体验历史文化最精彩的场所。

传承心境，老与新的代际接力

《城镇化》：您曾经讲过，"这一代年轻人充满文化自信"。您觉得，在历史文化保护传承中，年轻人可以发挥怎样的作用？

单霁翔：确实，我清晰地感受到，传统文化正在变年轻，2019年故宫观众1933万人，一半以上是35岁以下的年轻人，文化都是靠年轻人去传播与传承的，他们代表未来。

当初《我在故宫修文物》的火爆大大出乎我

资料来源：
全景.江宁织造博物馆[EB/OL].(2019-06-30)[2023-07-11].https://www.quanjing.com/imgbuy/QJ8195290282.html.

南京江宁织造博物馆

的意料，电影最初设定的目标受众是喜欢慢节奏的中老年观众，结果点赞最多的居然是年轻人。影片上映后次年，报考故宫博物院修文物的同学有上万人。进入故宫的新人们，不仅能沉得下心学习传统工艺技法，还能不断追求着时代发展中的先进技术、方法和理念，经过一段时间的工作累积和沉淀学习，迅速在故宫数字化建设过程中发挥重要作用。我在他们身上一样可以看到锲而不舍、令人感动的"工匠精神"。

与此同时，宝贵的文化遗产正借助互联网或文创产品等吸引着越来越多年轻观众涌向故宫。我们可以看到他们在亲近传统文化的过程中，对传统做出了生动的、富有创造力的新解读。久而久之，对平日里穿着唐装汉服的年轻人，便少有人会侧目惊奇了，年轻人对国潮国风的热情，已经成为追求自我表达的新时尚。

这些年我们一个重要工作就是研究年轻人以及他们的追求。我认为今天一个较为明显的变化是，年轻人拥有接触大量信息的机会，了解世界的同时也在汲取传统文化的精髓。这个时代的年轻人已经成为历史舞台的主角，他们以各自的方式传递着热爱的文化与笃信的价值观，他们赋予传统国风文化新的着色。

如果说地球有40亿年历史，人类在这座蓝色星球上生活也有300多万年了，未来我们还会长久地、脚踏实地地生活在这座蓝色星球上。祖先创造的文化，经过历代保护传承，如今到达我们手中，我们还要将其完整地传给未来世代，我想这就是我们这一代人还要为之不懈奋斗的使命所在。

参考文献：
[1]中国青年报.单霁翔：这一代年轻人充满文化自信[EB/OL].(2022-01-26)[2023-07-21].https://baijiahao.baidu.com/s?id=1723019641842638169&wfr=spider&for=pc.
[2]南方周末.单霁翔 历史永远欢迎新的叙述者[EB/OL].(2021-01-21)[2023-07-21].http://www.infzm.com/contents/200231.
[3]建筑创意空间.单霁翔：让文化遗产资源"活起来"[EB/OL].(2020-10-02)[2023-07-21].http://www.infzm.com/contents/200231.

让遗产成为能与人零距离互动的场所
——景德镇工业遗存活化利用的探索

张杰
全国工程勘察设计大师，清华大学建筑学院教授，陶溪川文创街区主创设计师

工业遗产见证了我国近现代工业不同寻常的发展历程，是我国历史文化遗产的重要组成部分，工业遗产改造也一直是城市更新中长盛不衰的话题。景德镇作为世界瓷都，打造了以陶溪川为代表的多个重点项目，探索了工业遗产保护利用的新路径、新模式。陶溪川既致力于产业转型升级、文化创意产业发展，又打造了景漂一族的精神家园，实现了人的聚集。可以说陶溪川在留住历史文脉和城市记忆的同时，又做到了可持续发展，对于拥有工业遗存的城市来说，陶溪川的示范意义弥足珍贵。

遗产活化应让历史遗迹与现实生活有机互动

在历史叙事中认识遗产的社会价值

如何认知历史，是遗产保护最基本的问题。当人们在描述和介绍历史的时候，都会把历史上发生的客观事件按照某种"内在逻辑"相互关联，形成历史叙事，并赋予特定的意义。这个过程是在当下社会价值体系下对历史的阐释，也体现了讲述者对历史事件及其意义的社会共识，即"一切历史都是当代史"。

将历史遗产认定为"遗产"的过程，是学术努力和社会参与对某一遗存的社会价值和意义达成共识的过程。"历史文化遗产"观念一经形成，就会促使社会各方在实践层面投入大量的人力和物力去保护遗产。所以，对于我国这样一个快速发展的经济体，亟须建立一种包容的心态，对大量尚未被确认为遗产的"潜在遗产"予以关注，否则就会经常性地"后悔"，难以找到遗产保护的可持续之路。同时，还需要为更广泛的"文化遗产"保护在社会经济中找到位置，并使之与现实需求产生关系。

让遗产能与现实生活发生联系

遗产保护的终极目标是创造性地让遗产及其附属文化元素融入现实生活，并建立一种健康的、自我循环的机制，使遗产保护传承工作成为一项可持续的社会实践。这种遗产的规划、保护、利用工作常常需要通过长期广泛的社会参与、专业人员的在地服务、方案动态调整等，才能最大限度保持最初的愿景，并使之得以实现。

在我国，绝大多数工业遗产都是国有资产。在计划经济时期，它们承担了职工生活、福利、社会保障等职能。改革开放后，随着社会的转型、城市产业结构的调整，工业企业逐渐衰退，厂区的物质环境日趋恶化，老旧的生产设备大量闲置。在社会层面，城市面临工人下岗、公共服务缺位、养老等一系列基本问题。因此，老旧工厂与工业区等振兴的根本问题是，为地方创造新的就业机会，促进社区和城市发展。工业遗产保护是实现这一综合目标的重要手段，不能止于一两个老旧厂房的遗产保护或一片厂区风貌的提升。

遗产保护的景德镇实践

景德镇是闻名全球的世界瓷都，作为海陆丝绸之路的重要节点，景德镇可能是全球唯一一座由支柱产业支撑、持续影响世界近千年的城市，远比西方一些手工业城市和工业革命城市的历史更悠久。但这样一座拥有千年历史的陶业城市，在1990年代初，国企改革启动，为了扭转亏损、保护环境，景德镇逐渐关闭了老瓷厂。政府在新区规划建设了新的陶瓷产业园区。随即，老城开始面临由于老工厂关闭带来的一系列问题。

在城市织补的语境中看待厂区的复兴

景德镇到1990年代还有14个国有瓷厂，号称"十大瓷厂"。它们从技术上完整地反映了从传统烧柴向烧油、烧气、烧电的陶瓷烧制技术的发展历程，也从时空两个维度反映了这座城市的发展轨迹。如何依靠这些极具特色、显现城市发展脉络的工厂，推动产业、服务设施和环境提升，是城市更新的重要任务。在充分研究的基础上确立景德镇老旧工厂区更新的总方针，将富有城市价值特色的载体与城市的主要道路、开放空间体系联系起来，使之结构化；在改善城市特色空间环境的同时，对城市功能、服务设施、社区人口结构等进行系统织补，以实现城市的系统更新。景德镇城市更新规划设计研究包括三个阶段

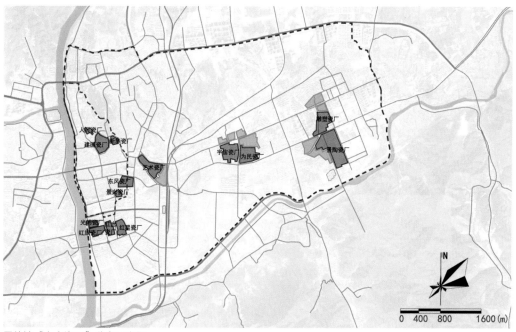

景德镇"十大瓷厂"分布示意图

资料来源：
景德镇陶瓷文化产业园概念规划项目组。

图例：
中华人民共和国成立初期"十大瓷厂"范围
瓷厂配套生活区范围
历史城区范围
河东老城区范围

的工作。

第一阶段，深入发掘以陶瓷遗产为核心的景德镇城市价值与特色。以城市价值评估作为城市更新规划的起点，研究归纳城市的山水格局、城址变迁、陶瓷工厂和各种非物质文化遗产资源等，摸清城市特色资源的"家底"。

第二阶段，围绕既有资源，规划出景德镇老城区 25km² 的特色空间，以此作为未来城市活力的聚集区，并为景德镇旧城提出"特色化"的空间结构，作为今后城市更新提质总的骨架。同时，考虑到经济和实施的可能性等，为不同地段制定差异化的更新方式，即分为保护、整治、更新三大类。

第三阶段，选择具有一定特点的建筑物和构筑物及其周边可建设条件相对易于实施的地区，作为启动项目，开展样板性设计。

陶溪川：一站式文化休闲体验创意园区

2012 年，团队在对景德镇老城进行系统的建筑、风貌、质量评估后，确定将两个瓷业遗存相对密集的区域作为保护更新的重点地区，即御窑厂周边历史街区和东部"十大瓷厂"片区，并以工业遗存的保护利用入手，带动城市更新发展。

结合历史遗存、道路区位和产权等实际情况，规划提出从东部几个老旧厂区所处地区的保护更新入手，将其打造为城市的副中心。这里的工业遗迹记录着从 1950 年代中至 1990 年代初，景德镇现代陶瓷生产工艺、建筑风格、社会组织、

产品设计等的演变过程，是城市现代陶瓷生产与生活发展史较完整的载体。

考虑到这个地区在建厂之前曾有溪水从北部的山上流经场地，最终注入小南河的环境历史，而且现状片区内北段仍有几个大小不同的池塘，规划决定通过分期实施，最终恢复这一历史水系，并围绕"陶瓷"文化主题，将这一片区命名为"陶溪川"。这既是对这一片区历史和功能的凝练，也是对陶瓷作为火与水结晶的精神表达。

规划在整个片区内布置了很多公共建筑，以此带动整个文化创意园区，并支撑景德镇城市的更新与高质量转型发展。

产业的复兴首先是塑造"留住人"的场景

从国外的经验来看，遗产地保护必须通过广泛的市场要素对之加以活化利用，完全依赖财政转移支付的保护模式难以长久。绝大部分遗产地在过去是生产活动场所，现在也应该通过一系列的手段使之担负一定的经济功能，使之重新参与到城市的经济过程中，形成良性循环，进而激活周边区域和带动城市发展。

景德镇的"景漂"群体约有 3 万人，当地的陶瓷大学、陶瓷研究学院等也为城市陶瓷文化的传承提供了必要的"人群"基础。陶溪川项目的目标就是吸引从事陶瓷及相关专业的学生和艺术家以及广大对陶瓷文化感兴趣的人群，打造宜业宜居的平台与环境。这样相关的就业链条就可以从最前沿艺术家一直延伸到基础性产业就业人

群，从而激活由老旧工厂留下的城市产业黑洞。

考虑到景德镇聚集了众多的陶瓷艺术大师和陶瓷艺术相关从业者，陶溪川的建筑与环境设计将应有的艺术元素放在首位，并通过场景营造对各类要素在保护的前提下进行再创作。这既包括物质空间的氛围营造，也包括一系列活动的策划与组织，以此综合提升人气。例如，周末的陶瓷艺术集市、各种艺术节以及学术活动等。

工业遗产的活化应实现新旧绿色共生

对遗产建筑而言，首先要甄别其需要保留的部分，并判定干预方式不会破坏遗产价值，这是"遗产活化"利用的基础。例如，在陶溪川博物馆的改造设计中，为了增强这两座建筑与周边道路界面的交互性，方案在保持建筑原有轮廓和内部空间结构特征等的基础上，将东、西两侧的高墙改成了艺术店面，激活了两侧的道路。两馆西边的锯齿形仓库，改造前它的东、西面墙体只有两个用于运输的门。为呼应南北道路步行环境柔性界面的要求，方案在城市设计阶段就将这个仓库建筑的东、西立面设计成了有窗洞的、开放式的走廊，增强了空间的可交互性。

老旧建筑的利用是低碳更新的基础，这样可以减少大量不必要的建筑垃圾，降低对新建材的需求量，从而降低碳排放。在此基础之上，既有建筑的利用改造还应将历史记忆载体的保留展示与现代设计规范和节能要求结合起来。

遗产建筑修复的首要任务是最大限度地尊重有价值的老的部分。整个工程保留了厂内所有的烟囱，同时最大限度地保留了厂内不同时期的老建筑（包括 1990 年代初具欧陆风要素的建筑），并通过城市设计和建筑、景观设计将室内外公共空间结合，使其得到恰当展示，塑造场所丰富的时间感。在保护更新工程中，要尽可能利用老旧建筑材料开展各种工程。例如，将拆换下来的墙砖用于陶瓷博物馆外墙的修复，将旧窑炉砖作为

美术馆立面的保温和外装饰材料、地面铺装等。

为了提升保留建筑的综合性能，在老建筑的修缮改造设计中，设计一方面大幅度改善了建筑屋顶、围护结构的保温、防水、防火等性能，同时沿用了大量老旧材料，包括老的机瓦、砖等，这些"适应性改造"让既有建筑更好地适应了今天的功能需求，提高了绿色可持续性。为了提升既有建成环境的适应性，适当的改变是不可避免的。这就要求在新老之间建立良性的对话。在陶溪川新建、增补的建筑部分，设计时没有去仿旧，而是明确地遵守了可识别的原则，真诚地尊重现代材料（包括钢、玻璃等）的性能和工程做法去改造、新建。

遗产保护利用是一个环境改善的过程

遗产的保护离不开其所在环境的整体提升。陶溪川文化景观空间叙事的核心是对重要遗存信息的表达。片区内保留的烟囱是燃煤、燃气窑炉技术烧制工艺必备的构筑物，与烧制车间内部的窑炉或隧道窑一道共同构成了陶瓷工业记忆的主要载体。此外，工程建设还保留了厂内大量原有工业设备，有的成为装置艺术品，有的改造为种植池、座凳等，这些要素与保留的建筑一起共同塑造了场所强烈的历史感。

围绕凤凰山到小南河的水系，在各主要节点设置了不同的水景观小品。这既是对陶瓷制作在拉坯过程中需要水的工艺流程的提示，也通过水系调节了园区内的微气候。在场地西侧的陶机场的竖向设计中，位于场地中心的翻砂美术馆水池还起到了雨水蓄集的作用。水池下设有蓄水池雨水净化和水位自动调节设备，净化后的水可作为厂内绿化和景观用水，以此共同构建生态可持续的工业景观园区。

联合运营推动街区可持续运转

在以既有环境更新利用为主的时代，运营是关键一环。陶溪川的运营探索了一条联合多家单

周末集市及学术展览活动

原烧炼车间改造为博物馆后的室内实景

保留老厂房主体结构改造为文化体育设施

保留烟囱周围植入水景改造为公共空间

陶公寓——景德镇陶瓷销售发布中心及公寓综合体

资料来源：
[1] 曹百强拍摄。
[2] 姚力拍摄。

位不断更新调整的模式。自 2012 年起，陶溪川开始尝试在"政府 + 学术团体"的基础上，广泛联合相关企业和团体直接对更新项目进行投资，注入丰富多样的产业和业态，运营内容包括商业管理、招商、物业、宣传推广、活动等。

在运营初期，陶溪川经历了外包式运营、业主全盘运营两个阶段，但这两种方式的效果都不理想。前者由于外部商业运营团队对现金流的诉求与陶溪川项目社会效益优先的目标相冲突，而且也难以孵化产业并带动本地资源的开发。后者又因为业主团队自己的技术、经验、渠道等的局限性，市场的竞争力弱。为了取长补短，自 2018 年起，陶溪川项目开始采取联合运营的模式，在商业管理队伍中加入业主认可的专业团队和业主的工作人员。这样有效解决了社会效益和现金流压力的矛盾。

以文化环境氛围为导向的城市更新项目的运营，要始终坚持把握"调性"不走调。选择适当的功能非常关键。但是，在当代经济结构的背景下，满足人民生活更高要求的各种功能是不断变化的。其中，既有产业盈利模式诉求的原因，也有不断更新的社会新需求的影响。因此，遗产或既有环境的活化利用需要在动态工程中进行策划和管理。陶溪川项目弹性运营管理的策略为应对后续的多种变化提供可能。例如，最初的一些较大的空间现在已转变为电商平台上线直播推销的空间。又如，随着陶溪川吸引的年轻人越来越多，周边有品质、价格相对低廉的居住产品缺乏的问题日益突出。为了保障创新群体就业的可持续性，项目及时地策划建设了租金相对低廉的青年公寓——陶公寓，以解决创业者的后顾之忧。

创造更长的"产业链条"

陶溪川创造了一个以"景漂"为主体的城市聚落，很多特点都符合"场景"理论描述的当代创新社区的模式。虽然现在旅游业已成为陶溪川的重要方面，但一开始陶溪川并没有把旅游业作为主导产业，因为从世界范围来看，旅游业季节性和波动性强，总体的可持续性不高。为了实现城市更新、改善产业与就业环境的目标，陶溪川项目采取了以创意产业带动城市就业的策略，以此解决老工厂衰退产生的就业问题。这样创造的就业链条相比于传统的旅游业更长，这一链条包括创意工作者、投资管理人群、一般服务业人群，以及后续被激活的旅游业态等。

景德镇遗产保护实践带来的启示

景德镇的遗产保护引领的城市更新探索，在科学保护工业遗产的基础上，通过重塑空间场景和创新运营模式，让陶溪川逐渐成为众多艺术家、本地人、游客等生活、创作、触摸历史的场所。

从规划上来说，陶溪川成功的重要原因是将厂区转变为了开放城市街区。以"人"为核心，重塑社区生活体系，推动陶瓷艺术家和各类人群的迅速聚集，将陶溪川打造成为"全生命周期"的理想居所。在创新时代，人才是竞争和创造力的源泉。当陶溪川成为全国乃至全世界青年陶瓷艺术家的沃土后，各种可能性被激发出来，直接推动了工业遗产价值的充分发挥。

"文绿融合、新旧共生"的改造策略，盘活了场地空间。场地中原有的废弃厂房、烟囱、老旧机器等，经过改造成为展现百年陶瓷工业史、城市产业发展的新载体。外部空间的整体布局在延续了厂区既有格局的基础上，增加了适应现代功能活动的各类场所，实现了场景氛围与空间功能相融合的目标。

对业态、人群的前瞻性把握和前置性运营策略，促成了以年轻创业人群为主体的多元人群的回归。陶溪川通过科学的动态运营，打造了适合自身的商业模式，取得了长期的社会、经济效益。正因如此，景德镇这座曾经衰落的瓷业城市获得了新生。

建设中华现代文明与区域现代化杰出范例
——张謇盐垦文化遗产的认知与保护

□ 撰写 武廷海 郑伊辰 张能 李诗卉

武廷海
清华大学建筑学院教授，城市规划系主任

面对"数千年未有之变局"，近代中国仁人志士提出了多种多样的救国方案。19世纪末至20世纪20年代，以张謇为首的优秀中华儿女在江北淮南海滨盐场旧地开垦农田、兴修水利、建设市镇，在江苏沿海地区留下了大规模区域文化遗产。盐垦进程是中国早期现代化的杰出范例和区域规划建设的系统实践，是集空间规划、实业振兴、社会建设和人居营建于一体的伟大创举。盐垦文化遗产是张謇爱国情怀、救国思想和社会理想的实物见证和重要载体。整体保护张謇盐垦文化遗产，有助于实证中国式现代化道路，具有重要的社会、文化、生态和经济意义。

江苏沿海张謇盐垦文化遗产的形成背景

淮盐衰落，开荒植棉

唐朝至清代中叶，淮南一直是中国盐业的主要产区，盐产与盐税均居全国之冠，素有"淮盐甲天下"之誉。晚清以后，因海势东迁，煎盐亭灶距海日远，土壤卤气减淡，盐产日少、成本日增。然而由于盐政部门利益掣肘，淮南盐场的禁垦令并未及时撤销，导致大片沿海土地实际上处于停产、撂荒的状态，成为"国之弃地"。

张謇早在1895年筹办通海团练、规划沿海防务时，就主张开垦沿海旷土、发展农牧业生产。

到光绪二十六年（1900年），大生纱厂初见成效，对原棉的需求陡然增加，张謇就着手把开发设想付诸实施。

光绪二十七年（1901年）五月，通海垦牧公司正式成立。它通过资本主义集资方式进行大规模土地投资，统筹开展区域规划，系统兴筑基础设施，引进普及优良棉种，为民族资本主义提供优质原料。它的创办与盈利过程也为苏北其他地区开垦沿海荒滩提供了宝贵的、可复制的经验。

垦区北拓，沿海开发

通海垦牧公司的成功具有重要的激励与示范作用。20世纪初至抗日战争爆发前，北起响水的陈家港，南至南通的吕四港，东滨黄海，西界范公堤，绵延近七百里的冲积平原上，先后办起了七十余家盐垦经营主体。

在日本帝国主义两次侵华战争之间的宝贵战略机遇期，张謇率领群众在海滨地区创造了一个合于传统理想与现代化愿景的"新世界"，盐场荒滩变为秩序井然、功能先进的大农业垦区；垦区集镇聚拢人气、渐次兴起；启东海门移民北迁的交通路线，逐步形成苏北沿海地区的区域骨架（今226省道）。盐垦事业促进了江淮之间久旷之地的人居建设，更对当代江苏沿海地区开发进程具有启迪作用。

张謇盐垦文化遗产的突出价值

"实业救国"的现代化探索价值

盐垦事业是民族资本主义"实业救国"的重要探索，是搭建"纵向一体化"制造业产业链、建立资本主义工农业生产体系的开创性实践。先

图例

海岸线年代
—— 1929年
—— 清代光绪年间
—— 清代乾隆年间
—— 清代顺治年间
—— 明代嘉靖年间
—— 宋代
—— 辽代
—— 汉代
—— 新石器时代

公司成立时间
● 1900~1911年
● 1913~1919年
● 1920~1929年
● 1930~1939年

江苏省海岸线变迁及历史上盐垦公司成立时间

资料来源：
[1] 南通市档案馆，张謇研究中心．大生集团档案资料选编·盐垦编：第二册 [A]. 北京：方志出版社，2009.
[2] 罗一民．中国近代第一城 [M]. 北京：五洲传播出版社，2003：75.

通海垦牧公司垦区耘棉图

通海垦牧公司海复镇乡公所旧影

进的水利工程规划、土壤改良技术、集股经营方法、业佃两利制度和企业管理模式，使得淮南盐垦区成为当时中国最具活力的农业区域。据《两淮水利盐垦实录》引用中华棉业统计会资料，1930~1934 年，江苏盐垦区的棉田面积约占江苏省棉田面积的 50%、全国棉田面积的 12.5%，棉产比例也大体相近。作为经济共同体的垦区为南通的大生系统纺织企业和上海、无锡等地的纺织工业输送了大批原料，实现了农副产品的深加工和价值链的延长，有力地支撑了张謇"棉铁主义"救国进程。

"成聚、成邑、成都"的区域规划价值

盐垦事业贯彻张謇"成聚、成邑、成都"的人居理想，使江苏沿海地区实现了从盐场人居到农垦人居的系统转型。大批移民从人口过密的长江口地区移民盐场故地，带来先进的社会生产力；伴随着建设事业的推进，荒芜滩地转变为闾里相望、冠带弦歌的安康乐土；其间建设的特色集镇成为江苏沿海地区的代表性文化景观和区域经济的活力中心。盐垦人居遗产的智慧渗透在 20 世纪 50~70 年代的农垦建设和 80 年代以来的沿海生态文明建设之中。

"匠人为沟洫"的水土治理价值

张謇融汇江苏本土经验和国际工程技术，形成特色突出、适宜推广的水利工程体系。这套体系探索酝酿于南通，全面成熟并普及于盐城。主要公司垦区布局集中体现了"匠人为沟洫"的水土治理传统，同时，其规划积极借鉴国际先进经验，河渠、堤圩、涵闸、交通等系统分级复合、布局严谨，形成集捍海、潴淡、防洪、调蓄等功能于一体的区域水利网络，是中国近现代大型水利工程中的杰作。

张謇盐垦文化遗产的保存现状和问题

遗产现状

张謇盐垦文化遗产地跨盐城、南通两市，涉及射阳、亭湖、大丰、东台、海安、如东、通州、海门和启东 9 个县市区，主要包括 11 片盐垦公司垦区，可复原面积 1583km²，主要沟渠、圩堤总长度 1260km。

目前，遗产区域内水利工程、人居聚落体系保存完整，盐垦田宅肌理清晰，百年历史的圩堤、河渠依旧保障着垦区群众的生产生活。除部分地区被城镇建成区叠压之外，大部分早期垦区和新中国成立后形成的大农场肌理尚存，景观特色鲜明，开发利用价值高。

南通是盐垦空间范式的形成地，而盐城则是张謇区域开发事迹的展开地、盐垦文化遗产的主要承载地。至抗日战争爆发前，今盐城市境内的盐垦公司数量占江苏沿海地区盐垦公司总数的 6/7。当前，盐城市域内垦区现存面积 1131km²，占江苏的 71%；垦区主要河道圩堤现存 793km，占江苏的 63%。盐城的大丰—裕华盐垦公司垦区占地面积最大，空间形态具有代表性，完整地体现了张謇区域规划的空间原型和社会理想，堪称张謇盐垦事迹的"活标本"。

遗产保护利用的突出问题

目前，社会对张謇盐垦文化遗产存在一定的认知空白。除南通博物苑（含张謇墓）、大生纱厂（含南通大生第三纺织公司旧址）等已列为全国重点文物保护单位外，面广量大的水利工程、圩田景观、人居聚落等，尚未纳入文化遗产保护体系。南通、盐城等地就盐垦遗产保护的区域协作机制也有待建立。

张謇盐垦文化遗产与江苏省沿海地区的重点开发区域部分重合，文化传承、生态保护、产业发展等功能复杂交织。以盐城市为例，改革开放以来，盐城市域内被新增建设用地叠压的垦区面积接近 100km²，而相对无序的城市更新使得大中镇、合德镇等早期盐垦聚落面临特色永久丧失的风险。

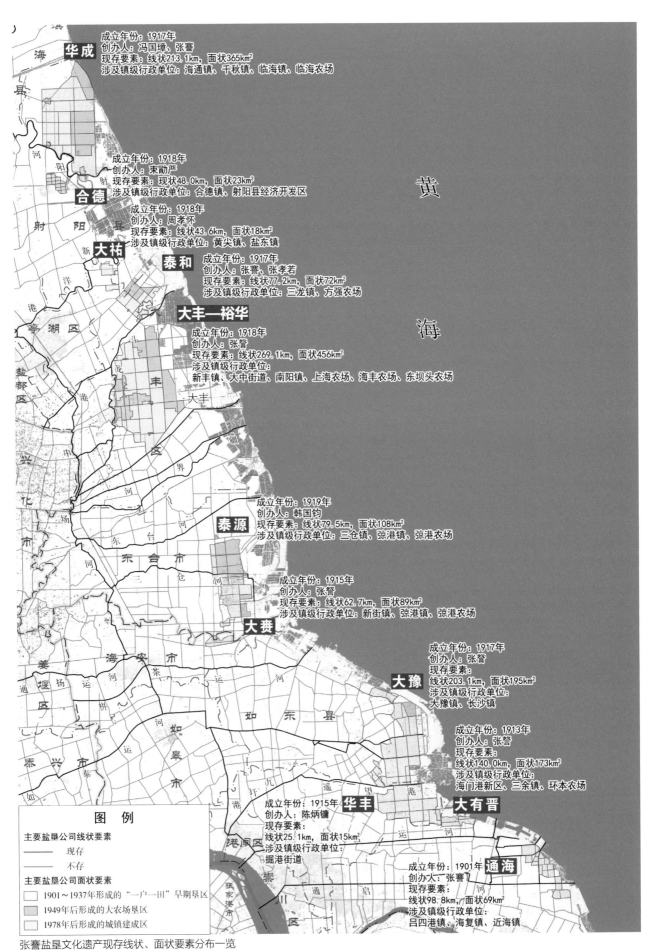

华成
成立年份: 1917年
创办人: 冯国璋、张謇
现存要素: 线状213.1km, 面状365km²
涉及镇级行政单位: 海通镇、千秋镇、临海镇、临海农场

合德
成立年份: 1918年
创办人: 束勖严
现存要素: 现状48.0km, 面状23km²
涉及镇级行政单位: 合德镇、射阳县经济开发区

大祐
成立年份: 1918年
创办人: 周孝怀
现存要素: 线状43.6km, 面状18km²
涉及镇级行政单位: 黄尖镇、盐东镇

泰和
成立年份: 1917年
创办人: 张謇、张孝若
现存要素: 线状77.2km, 面状72km²
涉及镇级行政单位: 三龙镇、方强农场

大丰—裕华
成立年份: 1918年
创办人: 张謇
现存要素: 线状269.1km, 面状456km²
涉及镇级行政单位:
新丰镇、大中街道、南阳镇、上海农场、海丰农场、东坝头农场

泰源
成立年份: 1919年
创办人: 韩国钧
现存要素: 线状79.5km, 面状108km²
涉及镇级行政单位: 三仓镇、弶港镇、弶港农场

大赉
成立年份: 1915年
创办人: 张謇
现存要素: 线状62.7km, 面状89km²
涉及镇级行政单位: 新街镇、弶港镇、弶港农场

大豫
成立年份: 1917年
创办人: 张謇
现存要素:
线状203.1km, 面状195km²
涉及镇级行政单位:
大豫镇、长沙镇

成立年份: 1913年
创办人: 张謇
现存要素:
线状140.0km, 面状173km²
涉及镇级行政单位:
海门港新区、三余镇、环本农场

华丰
成立年份: 1915年
创办人: 陈炳镛
现存要素:
线状25.1km, 面状15km²
涉及镇级行政单位:
掘港街道

大有晋

通海
成立年份: 1901年
创办人: 张謇
现存要素:
线状98.8km, 面状69km²
涉及镇级行政单位:
吕四港镇、海复镇、近海镇

黄

海

图 例

主要盐垦公司线状要素
——— 现存
——— 不存

主要盐垦公司面状要素
□ 1901~1937年形成的"一厂一田"早期垦区
▨ 1949年后形成的大农场垦区
□ 1978年后形成的城镇建成区

张謇盐垦文化遗产现存线状、面状要素分布一览

整体保护张謇盐垦文化遗产的思考

江苏沿海张謇盐垦文化遗产的价值需要从中国式现代化道路与中华民族伟大复兴的高度进行系统挖掘，需要从建设"美丽中国"的高度进行系统展示，需要按照中华文明标识、世界遗产、世界灌溉工程遗产标准进行价值认定，相关资源保护利用的体系化建设任重道远。

保护张謇盐垦文化遗产，共建中华文明标识

2015 年 2 月，习近平总书记视察陕西时指出，"黄帝陵、兵马俑、延安宝塔、秦岭、华山等是中华文明、中国革命、中华地理的精神标识和自然标识"。2020 年 11 月 12 日，习近平总书记参观南通博物苑时对张謇的杰出成就与贡献给予高度评价。建议突出张謇盐垦文化遗产在江苏省特色文化标识体系中所处地位，并积极争取将其纳入中华文明标识体系。深入挖掘张謇盐垦文化遗产中凝聚的爱国爱民、日新求变、开放包容的民族精神，立体呈现遗产中凝聚的沿海区域人居智慧与厚重文化历史。

推进张謇盐垦文化遗产整体保护和有序利用

建议在整合南通博物苑、大生纱厂等文物基础上，将 11 片主要公司垦区、1000 余千米主要河渠圩堤、25 个主要垦区聚落纳入系统保护，形成张謇盐垦文化遗产体系。

结合盐垦公司地理分布，在盐城市、南通市境内进行分区管控开发。以盐城市为例，尊重盐垦文化遗产的形成过程，将盐城张謇盐垦文化遗产分为北、中、南三部分进行分区施策保护利用：北部（射阳县）华成、合德公司垦区，重在维持疏朗空间环境与规划协调；中部（大丰区、亭湖区）大丰—裕华、泰和、大祐公司垦区，结合盐城大都市区建设工作，重在统筹保护与文化集中展示；南部（东台市）泰源、大赉公司垦区，重在结合特色产业做强"美丽乡村"风貌，并以范公堤为空间线索，与南通市就张謇盐垦遗产区域性整体保护进行协调。

以大型遗产空间整体保护利用促进江苏省和盐城市高质量发展

目前，长三角北翼沿线城市的时空距离进一步拉近，中国东部黄海沿线的新发展带已经形成。江苏沿海地带西部"沿河"、东部"滨海"文化建设已经格局初现，位于串场河文化带、黄海湿地世界遗产和自然保护区二者之间的张謇盐垦文化遗产，上承千年盐政历史，下启生态保护实践，有条件以文化空间为抓手，做强长三角一体化沿海发展北向轴线。建议加强张謇盐垦文化遗产的纵向联系，以 226 省道为纵向串联要素，以早期公司垦区和盐垦聚落为支撑，统筹文化传承、生态保护、产业发展三大功能，营造充满人文魅力的"黄金海岸"，塑造黄海经济圈的精华、特色段落。

2023 年 6 月 2 日，习近平总书记在北京出席文化传承发展座谈会并发表重要讲话指出，在新的起点上继续推动文化繁荣、建设文化强国、建设中华民族现代文明，是我们在新时代新的文化使命。推动张謇盐垦文化遗产保护利用及江苏沿海区域高质量发展，可以作为江苏省继续推动文化繁荣、建设文化强省建设的有力举措。

参考文献：
[1]张謇.张季子九录[M].上海：中华书局，1931.
[2]张謇.张謇全集[M].南京：江苏古籍出版社，1994.
[3]吴良镛.张謇与南通"中国近代第一城"[M].北京：中国建筑工业出版社，2006.
[4]孙家山.苏北盐垦史初稿[M].北京：农业出版社，1984.
[5]卫春回.张謇评传[M].南京：南京大学出版社，2001.
[6]武廷海，郑伊辰，张能.江苏沿海张謇盐垦文化遗产研究[M].北京：中国地图出版社，2021.
[7]武廷海.区域规划概论（中国近现代）[M].北京：中国建筑工业出版社，2019.
[8]武廷海.简论张謇的区域思想[J].城市规划，2006(4):17-22,28.
[9]武廷海，徐斌.江苏沿海区域文化价值发掘及展示设想[J].江苏建设，2012(2):32-45.
[10]李诗卉.江苏"江淮之间"地区历史文化资源格局研究[D].北京：清华大学，2020.

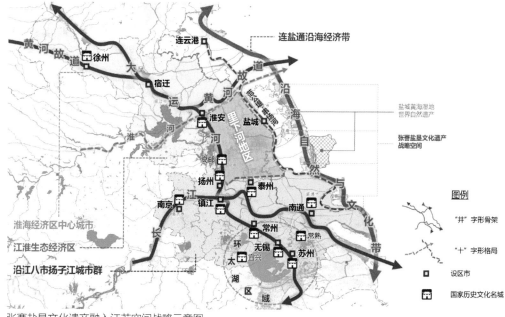

张謇盐垦文化遗产融入江苏空间战略示意图

全球化背景下的中国名城
——繁荣昌盛四十年 转型升级向未来

董卫
东南大学建筑学院教授，中国城市规划学会规划历史与理论学术委员会主任委员

中国历史文化名城制度走过了复杂、曲折而辉煌的 40 年，以不同层级的历史文化名城、包括大遗址在内的各种文物、各类历史城市与乡村为主要物质载体，中华文明的根脉和精神得以在整体上留存并传承至今。展望未来，以系列国家中心城市和城市群为引领的新型城镇化将成为城市高质量发展的重要方向。可以预见，各类历史文化资源将进一步在区域尺度上形成重组、联动、整合的发展态势，而现有名城结构也将产生相应的变化。这种与城市群系统相匹配的、以一定地理环境为基底的"名城集群"或"名城组团"将形成国家和区域层面的历史文化空间新格局。这一空间格局不仅能更好、更系统、更深刻地阐释中华文明的演化过程及其深刻价值，而且能够为即将到来的、以快速和大规模城市化为特征的"亚洲世纪"提供具有可操作性的中国方案和中国思想。

注：全文根据刊载于《世界建筑》2022 年第 12 期的《全球化背景下的中国名城：繁荣昌盛四十年，转型升级向未来》和原载于 2019 年 6 月 13 日《中国建设报》中的《走向可持续的历史文化名城保护》两文改编而来。

新型城镇化格局中的名城制度改革探索

2022 年 7 月，国家发展改革委公布了《"十四五"新型城镇化实施方案》，提出要建设多种类型的国家级城市群系列以加速城市转型和产业升级，并重点提出要在深入实施京津冀协同发展、长三角一体化发展、粤港澳大湾区建设等区域重大战略基础上，积极推进包括成渝地区、长江中游、北部湾，以及山东半岛、粤闽浙沿海、中原地区、关中平原、哈长、辽中南等 19 个城市群的建设。考虑到现有 9 座国家中心城市都位于这些城市群中，显而易见，未来中国的城市化将以一系列超大城市和城市群为龙头，与乡村振兴、科技创新等国家战略一道形成整合性的上下协同、一体化发展态势。

相应地，我国现有的名城格局也将发生一系列重大变化。其一，中共中央办公厅、国务院办公厅印发的《关于在城乡建设中加强历史文化保护传承的意见》首次提出了"历史文化保护传承"概念，这是要从城乡整体考虑，全方位地保护、整合、利用、发展各类历史文化资源，使广大群众从中受益。这意味着名城将从自我独立的单一城市结构向相互关联的城市组群结构发展。随着国家中心城市和各类城市群的发展，一些相邻相近的名城也将加强历史文化资源的协调与整合，在更大尺度上讲述名城故事并传承历史文脉。其二，名城及其所在的区域城市组群将发挥更加重要的区域带动和文化引领作用，将周边一些非名城的城市以及集镇乡村，按照一定地理单元特征重组为地域特色浓郁的、真正意义上的历史文化空间。实际上，任何地区的历史演进和文化积淀都不会在"一城一地"的小尺度空间上展开，历史文化发展本身就需要在一个相当广域的空间中才能从容地交织、融合与演进。因此，一个地区城乡空间体系的生成发展过程，必然与该地区自然地理环境的变化和历史文化的演进形成十分紧密和整体性的互动关系。

多年以来，名城空间划定忽略了历史文化生成发展所需要的地理环境和空间尺度，只是简单地按照行政区划来切分管理范围，以至于长期以来名城的"历史文化"概念被扁平化。如今，历史文化保护传承上升到国家战略，有必要重新思考甚至重组国家、地区、城市不同层级的历史文化生成与发展，以及所关联的地理环境及其空间范畴，在此基础上，将城市空间与作为其生长基质的自然环境和地方文化紧密关联起来，形成逻辑自洽的统一整体。这样，各类自然资源、历史文化资源、城市空间及其历史文化就能够更加全面地反映出区域发展的全过程，并能够通过资源整合与体制调整较为完整地展示出历史演进的本来面貌。这就是国家历史文化空间的意义和价值所在。因此，将现有"一城一地"式的名城格局改变成为与城市群发展趋势相吻合的"多城组团"式的区域性"名城集群""名城片区"格局，应当是现有名城发展的重要方向之一。

我国当前超大城市和城市群的发展方式，其实从我国古代城市地图中也可以窥知一二。在很多地方志书籍和文献古籍中都有"府境""县境"或"境域"图，其所表达的正是以府、县城为中心的、包括区域山水体系的城市群系统。十分自然地，相关乡村和集镇也都一并纳入这个城市群系统里。这说明，自秦始皇开创郡县制以后，中国古代城市规划与城乡管理，逐渐形成了一套历史悠久、逻辑清晰、层级鲜明、行之有效的制度性城乡空间理念及操作方法。从大量古代城乡地图中我们可以深切体会到，古人在作图时脑海里存在着一种区域协同和城乡一体的"环境—空间"概念。在众所周知的宋《平江图》里，我们不仅可以看到苏州老城空间格局，而且其左侧还在十分有限的空间里勾勒出与老城有相当距离的"吴中之巅"山系和胥江等自然水系。为什么古人将城、山、水等关联在一起？这应当与那时人们所理解的城市历史环境有关。该图左下角明确标注有"吴城""越城""馆娃宫"等字样，说明南宋时人们已经了解这个地方存在着许多古城遗迹，即我们今天经考古发掘后确定的"春秋大城"等遗址。因此，我们应当充分汲取这些宝贵的古代知识和智慧。

中国古代地图中所展现出的城乡空间系统，包括了自然地理环境、城乡空间格局、功能分区结构、道路交通系统、地方行政区划，以及国家制度、军事体系、群众信仰、地域文化等诸多因素，有助于我们理解古代城市和城市系统。同时，中国古代城市规划的整体性、系统性、协同性思想，对我国今天及今后建设和发展世界级超大城市与区域城市组群会大有裨益。

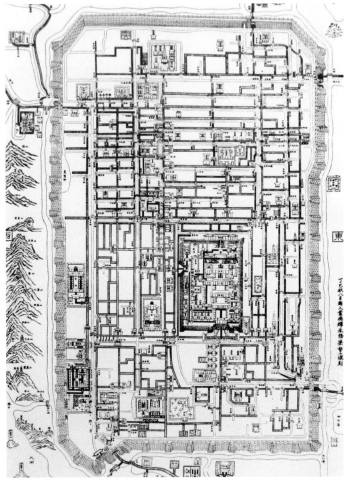

宋《平江图》

资料来源：
潘谷西 . 中国建筑史 [M]. 北京 : 中国建筑工业出版社, 2009.

进一步提高中国名城制度在全球城市化进程中的价值和作用

在全球化背景下，中国的城市化以前所未有的速度和规模以"跨越式"步伐向前迈进。可以说，中国名城的 40 年是全球化发展最为迅速、普及和优质的 40 年。在这个过程中，中国城市建设与欧美国家推进的以国际分工为导向的"经济全球化"基本同步，从而加快了现代化的速度。但我们也付出了巨大代价：快速经济发展不仅导致严重的环境污染，也使过去千百年来积累下来的大量历史文化资源毁于一旦。从全球化的角度看，名城制度的建立与完善，不仅是为了尽量减少无序城市化带来的损失，同时也能够更好地学习国际经验、接轨国际遗产保护的发展潮流、促进中国遗产保护事业的良性发展。

目前，中国的城市产业已深度融入世界经济与贸易体系。一方面，这对形成一个和谐包容、共同发展的世界十分重要；另一方面，这对促进中国城市的高质量发展及社会经济转型也发挥了积极的拉动作用。2050 年前后，90% 以上的全球城市化集中在亚洲和非洲将成为大趋势，可以预见，未来 30 年，中国、印度、印度尼西亚、巴基斯坦、孟加拉国、越南，以及尼日利亚、埃塞俄比亚、埃及、刚果、南非等主要发展中国家将成为实现亚非版全球化的基本动力。这必然是在新一轮科技和产业革命背景下，亚洲历史城市保护更新与既有国际城市发展及遗产保护理论紧密互动、不断创新、融合发展的历史性新阶段。在这种前景下，2013 年中国提出的"一带一路"倡议正在加速世界格局从旧的全球化（塑造以西方为中心的全球经济分工体系）向新型全球化（以发展中国家与发达国家平等发展、合作共赢、共同富裕为目标）的转变，中国在这个转变过程中发挥了探索引领的关键性作用，而包括名城制度在内的中国式现代化创新模式还有可能发挥更大的引领作用。

回顾历史，1851年英国城市化水平超过了50%，成为世界上第一个进入城市化社会的国家。那时的城市化规模以数十万至百万人口计；百余年前，美国的城市化进入快速发展阶段，城市化规模从百万到数百万人口；如今，亚非国家的快速城市化则以千万、数千万乃至上亿人口规模为尺度。这意味着，在世界历史上，只有中国系统性地经历了超大规模城市化的过程，能够为广大亚非国家提供经过实践检验的发展经验。这正是亚非国家所急需的城市化理论、模式和操作方法，应当适合以亚非国家为主导的新型全球化的必然趋势。中国名城制度经过40年的发展和磨炼，正是一种能够满足亚非国家超大规模城市化进程中整体性保护利用各类文化遗产紧迫需求的有效机制。中国的实践证明，它也能够与现有各种国际遗产保护原则、方法完美融合，有着广泛的跨文化适应优势。因此，我们应当着眼于亚洲和非洲城市化大趋势，系统性地梳理、研究中国名城制度的理论与方法，逐渐形成一套符合广大发展中国家历史文化背景的国际话语体系。

中国名城制度成为一种重要的城市发展模式

中国名城制度的重要特点是强调各类历史文化资源的系统性保护和强调保护—发展之间的协调联动。这既符合绝大部分中国城市拥有悠久历史和深厚文化积淀的实际，也符合城市是区域经济和文化发展的关键驱动力的一般性认知。

随着中国改革开放的不断深化发展，中国目前这种普遍性的超大规模城市化正在从以前的单一城市独立扩张方式向集群化核心引领方式转型。这为各类历史城市和历史文化资源保护传承带来前所未有的机遇。因此，我们应当充分理解并研究当前"集群化""区域化"的城市化大趋势，从国家和区域历史发展的角度重新梳理中华文明的源流、脉络及其形成的聚落和城市格局，建构宏观、中观、微观多层级的历史文化空间体系，以一定地理环境为背景、以历史为根脉、以文化为基质，全过程、全方位、立体化地保护自然与文化、物质与非物质文化遗产，将不同类型的城镇乡村、山川河流整合为一个历史文化大系统，从多个角度书写和讲述中国故事。有了这种与庞大城市群空间尺度相匹配的、包含广域性历史文

化资源的大系统，我们就能够跨越名城与非名城、名镇与非名镇、名村与非名村、文物建筑与非文物建筑等方面的差异与隔阂，更加聚焦于国家和区域历史文化空间背后的多层级、多模式历史互动过程。

正是这一互动过程揭示出各种自然、人文要素在不同历史阶段中对城乡格局的生成、发展、演化所发挥的不同作用。只有深度理解这个互动过程及相关要素的动态作用，才能正确理解区域、国家乃至亚洲历史城市集群关联发展的历史脉络，并将其作为未来指导以城市群或多个城市群为基础的国家历史文化空间建构的底层逻辑。应该说，与传统名城的空间尺度相比，区域性历史文化空间能够更全面、更系统地展现一个地区整体性的历史文化特征，将相关历史文化资源更加合理地整合于城乡系统中，既可以避免相邻城市对同一资源的无谓"争夺"，也可以有效提高整个地区在国家层面上的历史文化价值，并且增强区域之间的文化关联，促进城市群或多个城市群之间的协同发展。

结语

中国名城制度建立以来已有40年，我们在回顾过去、总结经验之余，还应当乘"一带一路"高质量发展之东风，顺应世界城市化潮流之大势，与其他亚非国家一道，建构高速度、高密度和在大规模城市发展条件下历史城市可持续保护与发展的理论和方法体系，并创新历史环境中规划设计的理论与方法体系。这就需要我们在新型全球化背景下研究、梳理、重组基于城市群发展的国家历史文化空间体系，并在此基础上审视亚非国家历史城市可持续保护与发展所面临的挑战，为"人类命运共同体"建设提供具有多重共同价值的道路和模式。展望未来，随着亚非其他国家产业结构的快速转型和城市化深化发展，其城市空间格局也将会像中国目前这样出现深刻的结构性重组现象。从许多亚非国家的尺度和区域历史看，很有可能形成不少跨国的、拥有共同历史文化背景的城市群和城乡一体的整体性架构，这恰好映衬出中国提出的建立"人类命运共同体"、世界各国共同发展等理念的远见和重要性。强化国家和区域之间的历史文化共识、共建同一地理环境中的国际性城市群，促进区域和谐与繁荣应当是亚非各国的共同追求。这正是通过"一带一路"倡议推动相关国家共建共享共同的历史文化空间体系的国际意义之所在。

长江文化带上的历史文化空间体系

相比于黄河流域，长江流域具有更为多样复杂的自然地理构造，也就形成了更为丰富和多样的历史积淀。长江中有1000多个各种各样的岛和洲，在空间分布上这些岛洲在某些地段比较集中。例如，以南京都市圈所在的江段为例，仅南京和马鞍山之间就有十多个岛，相对比较密集。目前，这些岛没有纳入城市发展规划中的城乡建设空间，只是城乡生态保护的对象。江岛的水文地理演变，以及与岛相关联的历史上的人居聚落、货物转运、兵家战事等历史事件，都具有较高的历史文化价值，有待传承发展和活化利用。同时，在长江文化带中展现一下江中岛屿，可以形成集自然景观和历史景观于一体的岛链类特殊景观系统，这些都可以成为今天发展长江自然与文化旅游的空间载体。其实古人已经在这方面为我们打下了很好的基础，在一些关于长江岛洲的古画或者游记中，我们可以看到这些岛屿被描绘得十分清晰而生动，说明古人对长江环境的认知在有些方面比今人显得更加深刻。

江天万里：长江文化带上的岛链历史景观意象

按照自然地理特征，长江流域可以划分为几个大的片区。从下游、中游、上游到源区，各片区都有独特的自然文化特点。在国家、区域、城市等不同尺度上，建构历史文化空间体系，进一步提升和优化沿线名城的结构。当然，长江流域也存在很多问题，如大量现有工业企业带的分布，特别是在长三角地区存在大量的沿江化工企业，当然这些以后也有可能成为一种未来的资源。因此，讲好奔腾6400km、落差7000m、绵延10000余年的中华文明故事，长江流域中的长三角历史文化必然构成这个文明故事中最为悠远、生动而辉煌的一段。

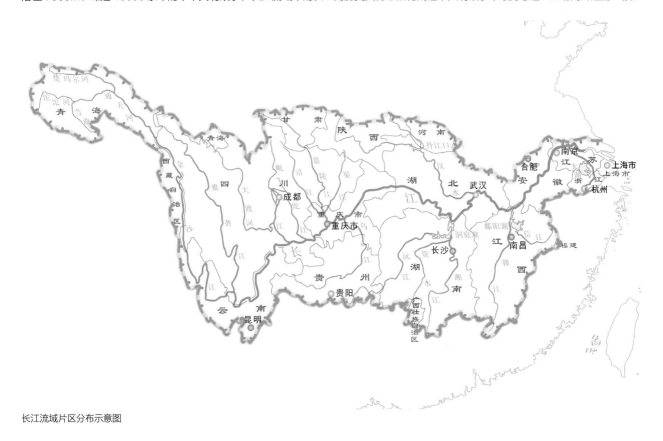

长江流域片区分布示意图

遗产线路的整体保护与沿线村落发展
——以南粤古驿道保护及周边村落复兴为例

□ 撰写 邵甬 徐刊达

邵甬
同济大学建筑与城市规划学院教授，国际古迹遗址理事会乡土建筑科学委员会（ICOMOS CIAV）副主席，中国城市规划学会历史文化名城规划学术委员会副秘书长

近年来，遗产线路的保护与活化已经成为国际上一个重要话题，也是推进乡村振兴战略实施背景下，促进沿线区域发展、振兴传统村落的新发展思路。广东南粤古驿道的整体性保护是线性文化遗产保护的重要实践，在沿线传统村落的系统保护、整体活化和旅游发展方面进行了有益探索，其保护理念、方式方法对推动线性文化遗产的保护、乡村地区的振兴具有重要借鉴价值。

随着全世界对遗产保护内涵认识的不断深入，遗产类型也随之不断拓展，从单体逐步扩展到整体，从特定地点延伸至跨行政区域乃至跨国的更大范围。自 1987 年欧洲第一条文化线路（Cultural Route）提出以来，经过 ICOMOS、UNESCO 等机构 30 多年的推动，"遗产线路"（Heritage Routes）成为世界遗产中的一种特殊类型。随着该理念在国内引入，2006 年，国家文物局原局长单霁翔先生提出线性文化遗产的概念，是指在拥有特殊文化资源集合的线形或带状区域内的物质和非物质的文化遗产族群，往往出于人类的特定目的而形成一条重要的纽带，将一些原本不关联的城镇或村庄串联起来，构成链状的文化遗存状态，真实再现了历史上人类活动的轨迹、物质和非物质文化的交流互动，并赋予该区域作为重要文化遗产载体的人文意义和文化内涵。

遗产线路保护的理念与趋势

遗产线路"路线长、体量大、内容多"的特点决定了必须建立宏观视野，采用整体性保护的理念。通过挖掘遗产的历史内涵与价值，以线带点，促进各类物质与非物质资源的有机整合，构建一套涵盖全局的保护与发展方法。一方面能够促进遗产资源之间的共享，另一方面也便于国家与省级行政区的宏观调控，形成可持续的发展。

随着遗产线路整体保护的理念在国内被不断普及，研究方向也愈发多元。2014 年中国大运河的申遗成功，促使保护逐步从理论研究走向实践，并形成了一系列探索。从国家层面上来说，通过建立长城、大运河、长征、黄河等国家文化公园，明确好管控保护、主题展示、文旅融合、传统利用四大主体功能区，从制度层面让遗产线路在保护的同时活化利用。在地方层面，以具体的工作推动线性文化遗产的保护活化，如大运河江苏段通过运河沿线遗产点的文旅融合结合水上游线促进跨区域合作；而广东南粤古驿道，则是通过对历史遗产资源的保护活化，促进沿线乡村振兴，并取得了较为丰硕的成果。

南粤古驿道的整体性保护实践

南粤古驿道是指 1913 年以前广东省内用于传递文书、运输物资、人员往来的通路，包括水路和陆路，官道和民间古道。这一道路体系形成于秦汉时期，是岭南在两千多年时间内打破山海包围的相对独立封闭的地理环境，与外界展开交流的重要渠道。

自 2016 年起，广东省在全国率先开展古驿道的保护利用工作，成立南粤古驿道工作小组，组织当地大专院校、志愿者和古驿道沿线村民等各种力量，对古驿道本体进行普查与挖掘，共详细踏勘了 1130 多千米古道，摸清了沿线 233 处古道本体及周边 900 多处相关遗存。在挖掘修复古驿道的基础上，通过串联沿线的历史遗存、历史文化名城名镇名村与自然景观等，整合各类资源要素，以实现遗产保护活化、旅游模式创新、沿线乡村复兴、人居环境改善等综合目标。

近年来，先后打造了韶关梅关古道、珠海岐澳古道、乳源西京古道、广州从化古道、惠州罗浮山古道等多条重点线路，截至 2020 年，广东全省的古驿道重点线路已近 30 条。

南粤古驿道的保护工作首先建立在对遗产线路价值理解的基础上，打破了现行"点"状分级分类的保护模式，按照整体性与关联性的思路，

南粤古驿道重点线路分布图

实现了从文物、名村、名镇等保护对象的集合到"遗产线路"的转换。

同时，南粤古驿道的保护活化工作着眼于古道，但是真正的落脚点更多在沿线的村庄与居民。为此，古驿道沿线尚不具有保护身份，但历史文化资源丰富的传统村落纳入了保护范畴，并成立了南粤古驿道保护利用的专项基金，促成了沿线村庄内具有代表性的历史文化遗存如祠堂、书院、民居的修缮与适应性再利用，结合周边、山体水系等自然资源，挖掘村落的自身文化内核，形成了综合性的旅游线路。

遗产线路沿线传统村落的保护与发展

从"孤立村庄"到"遗产网络"的视角转变

在自上而下的"点"状分类分级保护体系主导下，传统村落长期不受重视。然而历史文化资源不是孤立存在的，是聚落构成的"点"，河网水道、古驿道等交通线路组成的"线"以及自然环境和地域文化为基底的"面"共同构成的遗产网络体系。将以"点"为代表的传统村落放在线路框架及其无形的象征性层面进行考虑，从区域视野进行谋划，契合了当前遗产保护整体性、动态性、关联性的要求。对于分布面广、数量庞大的传统村落而言，它改变了"逐点投入"的传统模式，在一定程度上减少了资金、人力、技术方面的投入，通过区域性遗产网络框架的建立，为区域整体发展、乡村自下而上复兴提供了创新性思路。

基于遗产线路价值，构建传统村落的综合保护体系

从保护的内容和层次来说，要改变保护"精英遗产"的误区，从遗产线路的视野出发，对促进传统村落形成发展的相关遗产要素进行系统梳理，建立起"自然本底—骨架体系—文化节点—无形文化"的综合保护体系。这就使得保护不仅限于重要的建筑，还要将山水背景、农业景观、村落间勾连彼此的道路和水系以及非物质文化遗产都作为潜在的历史文化资源进行统筹考量。由于驿道、水系或者自然环境往往横跨较大的地理单元，建立上述保护体系也打破了行政单元的壁垒，促成了不同地区间的保护协作、资源共享。

自然本底
◆ 山水环境　◆ 文化景观
◆ 自然物产　◆ ……

＋

骨架体系
◆ 聚落路网体系
◆ 区域陆路驿道
◆ 区域水路驿道
◆ 城镇村体系
◆ ……

＋

文化节点
◆ 乡土建筑　◆ 建成环境
◆ 聚落空间　◆ ……

＋

无形文化
◆ 生产技艺　◆ 传说故事
◆ 民风习俗　◆ 历史事件
◆ 音乐美术　◆ ……

南粤古驿道保护体系

南粤古驿道沿线的传统村落复兴

以文化引领乡村产业复兴

南粤古驿道沿线传统村落风貌特色多样，发展水平阶段不同。在重点线路示范工作实践中，广东省采取了"古驿道+文化""古驿道+旅游""古驿道+教育""古驿道+体育""古驿道+农业"等多种模式，因地制宜地采用多元路径推动产业复兴。

一是发展乡村文化旅游促进产业转型。结合正在打造的绿道、碧道，在大尺度线性开敞空间体系中融入历史文化元素和部分服务功能，将古驿道和沿线乡村打造成面向旅游的优质公共生态产品。为推动文旅市场发展，广东省每年在这些村庄固定举办"南粤古驿道国际定向大赛""少儿绘画比赛"等文体赛事。以广州市从化区莲麻村为例，该村位于由广州府城通往粤北的莲麻官道上，在清代由客家族群沿北江迁居而成，以传统酿酒技艺为特点，曾是典型的贫困村。2016年从化段古驿道重点线路开始建设，莲麻村利用专项资金修缮黄沙坑旧围垄屋等一批传统建筑，先后举办全国房车集结赛、徒步大赛、古驿道摄影大赛等一系列赛事，吸引大量外来游客进入，村民开始自发改造房屋开设民宿、酒庄，村庄住宿餐饮设施从2016年的7处增加至2020年的30处，展现传统酿酒技艺的酒坊也发展到13家，带动了600多名农民就业，彻底实现脱贫。

二是引入社会资本推动传统产业升级。通过引入社会资本合作，共同开发休闲农业体验、特色农产品销售等休闲服务，提升产业附加值，从而带动居民增收。以南雄市灵潭村为例，该村位于南雄古城至江西大余的梅关古道上，由于沿线商贾往来频繁，从驿铺、墟市逐渐发展形成聚落，曾是典型的贫困村。2016年梅关古道重点线路开始打造，灵潭村成为联系南雄市区和梅关古道景区的中转站和沿线的重要服务节点。灵潭村通过引入文旅企业资本，投入近亿元资金发展特色农业、打造"驿道米"等特色农产品、兴办腐竹加工厂、开发各类特色休闲体验项目，获得市场认可，实现了村民人均可支配收入的快速增长，2019年达到13166元，完成脱贫目标。

三是结合城市资源、引入现代文化产业。对于珠三角发达地区的村庄，交通便捷，可通过承担城市特色服务的职能，借助城市资源引入特色文化产业。以珠海市会同村为例，该村始建于清朝雍正年间，位于岐澳古道沿线，诞生了较多的文化名人，曾经也面临衰败。随着岐澳古道的发展，会同村利用紧邻珠海高教新城的优势，契合青年群体需求发展现代艺术和新文化产业。村中的传统建筑被改造为咖啡馆、书店、电影体验馆等特色艺术空间，自2016年起开始举办会同艺术节，利用村落的特色空间举办音乐表演、戏剧演出、雕塑展等活动，成为珠海城市周边重要的文化地标，在2016~2019年共实现旅游营收2.3亿元。

资料来源:
[1]静修南平，醉美莲麻！广州这两个村厉害了！[EB/OL]. (2020-07-13)[2022-12-26].http://k.sina.com.cn/article_1712155722_v660d6c4a01900o2pc.html.
[2]南雄这个村又火了，从"丑小鸭"变为"白天鹅"[EB/OL].(2019-01-04)[2022-12-26].https://www.sohu.com/a/286808407_368466.

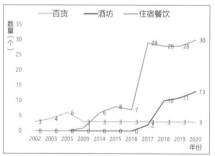

莲麻村商业设施数量增长

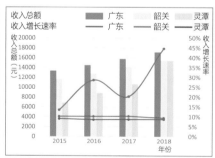

灵潭村近年农村居民人均可支配收入及其增速

会同村乡土建筑利用方式（展览馆）

莲麻村乡土建筑改造为特色酒坊

灵潭村村级驿站

会同村乡土建筑利用方式（咖啡馆）

改造前的市场

改造中的市场

改造后的市场

改造前的观澜书院广场

改造中的观澜书院广场

改造后的观澜书院广场

改造前的老屋古村

改造中的老屋古村

改造后的老屋古村

乳源县大桥镇老屋村基础设施改善

结合公共投入和重大事件提升乡村人居环境

借助南粤古驿道保护利用专项基金，古驿道修缮过程中基础设施建设和综合环境治理工程的实施显著改善了沿线村庄的人居环境。乳源县自 2016 年被列入南粤古驿道保护利用示范段以来，以古驿道保护利用和试点示范村建设为突破口，对沿线的村庄开展了农村人居环境综合整治工作，截至 2018 年底，已基本完成乡村巷道修整、排水排污设施建设、外立面整治和部分公共设施建设，累计投入资金 1500 多万元。据不完全统计，1 单位古驿道保护利用专项基金的投入能带动近 5 单位的相关经济收益。通过实施文化创意大赛（广东美丽宜居乡村行动农房改造示范项目）和大师驿站等省级重大工程，形成了一批乡村住宅改造和村落公共空间建设的示范项目。同时，政府将乡村环境设施的改善作为活动成功举办的前置条件，多项重大赛事的举办也直接推动了乡村人居环境的改善，单项活动的举办可为村庄带来几百万元至几千万元的直接投入。

以社区认同促成乡村自治能力的提升

遗产线路的保护与活化带动了历史遗存和人文故事的发掘，也唤醒了村民的乡愁意识，凝聚了乡村社区的文化价值认同，逐步形成"政府—市场—乡村"共同合作的治理体系。一系列相关保护活化活动的举办，让村民在其中可感知、可参与、可体验，甚至发挥重要作用。"南粤古驿道国际定向大赛"开始前，村民自发自愿整理村容环境，并担任持续维护的工作；乡村旅游开始后，部分外出务工村民返回村中从事民宿、农产品甚至非遗表演等行业，自发承担起延续乡村传统文化的职责，提升了乡村治理的能力和可持续性。

结语

南粤古驿道近年来开展的"以道兴粤"的工作，是在遗产线路整体性保护的框架之下，整合沿线自然与人文、有形与无形等各类资源，结合绿道等自然开敞空间建设，文化引领推动乡村振兴，在不到 10 年的时间内，完成了 1000 多千米古驿道的梳理，打造了 30 多条重点线路，并带动了沿线 125 个省定贫困村的几乎全部脱贫。南粤古驿道以遗产为杠杆，促进城市公共投入和社会资源反哺乡村，为原本散落在山间、区位逐渐边缘化的古村落重新通过文化旅游寻回自我造血的机制，并促进乡村自治能力的提升，为我国其他遗产线路的保护与活化提供了重要借鉴。

本文未注明来源的图和表格，皆为作者自摄或自绘。

大运河上的塔"院"
——淮安慈云寺国师塔周边环境提升工程札记

沈旸
东南大学建筑学院副教授

大运河上塔的建造一部分可归于佛教因由，为瘗舍利、贮经卷而建。但宗教需求常非全部或主要动因，随着传入中国以后造型与功能的嬗变，尤其明清以后，塔往往被解读和引申，以借喻方式寄托了希冀和需求，成为古人应对自然与人文问题的独特方式。本文以大运河上一座重建的塔的周边环境提升为切入点，探讨入遗后遗产保护与景观设计如何全面认知价值和促进城市功能提升，以大运河上的塔和塔院这类特殊的文化景观要素，指出古人整体性的营建逻辑和景观被赋予的多重属性，说明整体性的视野是应对入遗后需求的有效策略。

资料来源：
改绘自"（清）江苏至北京运河全图 [Z]. 中国台北国立中央图书馆藏。""李培．清代京杭运河全图 [M]. 北京：中国地图出版社，2004．""（清）岳阳至长江入海及自江阴沿大运河至北京故宫水道图 [Z]. 中国国家图书馆藏。"

大运河·城市·塔

在古人的认知中，大运河上的塔于城市和水系格局（包括大运河及与之连通的江、湖、河等）中扮演了重要角色。以整体呈现城市与山水形态的大运河形势图为例，不仅与大运河有直接关联的桥、闸、坝、渡会获得表达，塔作为参与布局和形成结构的一种主要要素，也有颇多呈现。

而今人再观大运河上的塔，大多从审美出发，将之理解为单纯的景观场所、鸟瞰节点，加之塔岸钟声、铃音，共同列入城市标志景观（如八景、

十二景），却容易忽视古人建塔的真实缘由，即由城市宏观整体出发的若干考量。

塔·城·河的布局模式

历史上大运河沿线的城市中，塔（塔院）、城市、运河布局模式可大略分为三种。

一为塔位于城外的大运河畔，其中又可细分为居水岸或去水岸不远者以及坐落于河畔山上者，前者如聊城铁塔、扬州文峰塔、杭州香积寺塔等，后者如无锡龙光塔等；二为塔位于城外与大运河直接相连之主要水系畔，但距大运河较远，

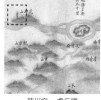
苏州府 - 虎丘塔
（清）京杭运河全图

海宁州 - 镇海塔
（清）京杭运河全图

丹阳县 - 宝塔（桥）
（清）江苏至北京运河全图

扬州府 - 文峰塔
（清）江苏至北京运河全图

扬州府 - 高旻寺天中塔
（清）江苏至北京运河全图

江宁府 - 大报恩寺塔
（清）江苏至北京运河全图

嘉兴府 - 三塔
（清）岳阳至长江入海及自江阴沿大运河至北京故宫水道图

镇江府 - 金山慈寿塔等
（清）岳阳至长江入海及自江阴沿大运河至北京故宫水道图

镇江府 - 甘露寺铁塔等
（清）江苏至北京运河全图

东阿县 - 荐诚禅院铁塔
（清）江苏至北京运河全图

塔山
（清）江苏至北京运河全图

临清州 - 舍利塔
（清）岳阳至长江入海及自江阴沿大运河至北京故宫水道图

杭州省城 - 雷峰塔、六和塔等
（清）京杭运河全图

杭州省城 - 雷峰塔、六和塔等
（清）岳阳至长江入海及自江阴沿大运河至北京故宫水道图

良乡县 - 吴天塔
（清）京杭运河全图

扬州府 - 文峰塔
（清）京杭运河全图

镇江府 - 金山慈寿塔等
（清）京杭运河全图

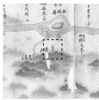
无锡县 - 锡山龙光塔
（清）京杭运河全图

清代部分城市的塔—城—水结构关系

资料来源：
引自"沈旸.东方儒光：中国古代城市孔庙研究 [M]. 南京：东南大学出版社，2015：319."

清代扬州文化教育建筑图景

如苏州虎丘塔、海宁镇海塔等，同样可细分为直接居水岸者和坐落于山上者；三为塔距离大运河较远的城外，如北京良乡昊天塔等。

塔与城：格局与特定方位

因塔耸秀之形象对应于矗起之文笔，故多与招引瑞气、振地方文运的期望关联，被认为可修改风水格局，有时也与楼、阁、庙等并祈文运。例如，济宁崇觉寺铁塔被视为"高插云霄，居学宫巽方，实文笔峰也"，扬州文峰塔留有"借来天笔焕文葩"等句，常州太平寺塔亦别称文笔塔。

从城市格局上看，此类祈祉建筑往往与教育建筑形成有所讲求的固定方位关系，以庇佑和泽被后者，同时，作为重要的文化节点和景观场所，祈祉建筑亦常择址于水系附近，如清代的扬州、淮安等均为典例。

塔与水：因何水边多见塔

除佛教经典的影响外，我国本土流传并深入人心的"镇水铁针"是建造铁塔的另一理论根源，不仅体现于意象上的启发，也影响了铁塔具体的建筑形象，大运河上的聊城隆兴寺铁塔、济宁崇觉寺铁塔皆为实例。不只铁塔，其他类型的塔同样常被赋予补足地势、有益水务（促进水利、纾解水患等）的意义，"浮屠镇水"的记载众多。

由于水系因素，对大运河上塔建造原因的理解多无法脱离这一点，如高邮镇国寺塔、临清舍利塔、扬州高旻寺天中塔、无锡妙光塔等，莫不与之相关。同样，在城市空间布局上，塔、水务构筑和同样与镇水指征相关的楼等建筑各安其位，形成较稳定的布局模式。

塔被赋予的多重属性

塔虽具多种意象，但其建造动因并非单纯其中任一。在古人的认知中，水务、文运、社会、生活之间有种种默化潜移的关系，换言之，水利、文化、祈福、景观等的考虑是整体的，也共同基于堪舆学的依据，是在城乡背景下应对景观和更大范围内的自然地理和社会人文问题的独特思考方式。例如，魏禧的《善德纪闻录》中有载扬州文峰塔的建造缘由："盖邗水迅驶直下，东南风气偏枯，故造塔以镇之……文笔矗起，厥利科名，自是捷南宫者倍昔，盖其应云"。

建成后的塔因高度与周围环境基底的对比，常为视觉中心，有时亦为船行入城市时的第一胜景，如扬州文峰塔；又因视野常成旷达之意、激发诗兴，常为登临览胜、聚会场所；塔顶层有设明灯者，以引航夜行船只，如杭州六和塔；塔铃等塔之构成要素亦有寓意，如"塔铃译佛语""塔铃便是广长舌"等喻。古人对塔赋予的多重属性决定了作为建筑遗产和大运河历史阐释的组成部分，塔及其所构成景观的价值之认知和鉴别也是复杂的。

资料来源：
张剑葳.中国古代金属建筑研究 [M]. 南京：东南大学出版社，2015：89，92.

参考文献：
[1]（清）徐宗幹，纂修.汪承镛，续修.[道光]济宁直隶州志（一）[M]// 中国地方志集成（山东府县志辑七十六）. 南京：江苏古籍出版社，1990.
[2] 张剑葳.中国古代金属建筑研究 [M]. 南京：东南大学出版社，2015.
[3]（清）焦循，辑.许卫平，点校.扬州足征录 [M]. 扬州：广陵书社. 2004：卷二十二413.
[4]UNESCO.Operational Guidelines for the Implementation of the World Heritage Convention[EB/OL]．(2017 - 07 - 12)[2019 - 04 - 20].https://whc.unesco.org/en/guidelines/.

聊城隆兴寺铁塔、济宁崇觉寺铁塔

淮安的城与塔

自大运河往西北行，约十里即达板闸镇，乃淮安钞关重地所在。板闸再向西北约十里达漕运转输重镇——清江浦。自明代开始，随着清江浦开凿、四道闸修建、转运仓落成、造船厂投产，遂逐渐繁华，淮安的漕运咽喉地位在很大程度上被其所取代。淮安府城文渠的文泽亦至，达清江文峰塔止，汇入玉带河。因之运河极重之关隘所在，清江闸周遭舟货云集、寺观林立，迄至清末竟形成"五教合一"的巍巍大观：县学文庙祀孔子；慈云寺乃佛教圣地；大王庙奉金龙四大王，乃清江都天会之所，关帝庙亦是民间淫祀滥觞之地，其内除关帝外，有专祀陶公、马公等治河名臣的祠庙，皆属于道教庞杂的民间信仰之列；运河北岸有清真回教寺，前有码头直抵运河，此建筑设置在运河沿线城市殊为常见；清末，外国传教士循运河一路传教，在这里留下足迹的产物就是耶稣堂，著名文学家赛珍珠于此曾度过她的童年时光。现如今，清江闸周边的两座塔都没了，中洲的文峰塔没有再建，慈云寺的国师塔再建了。

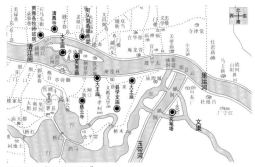

清江闸"五教环伺"

资料来源：
引自"沈旸. 东方儒光：中国古代城市孔庙研究 [M]. 南京：东南大学出版社，2015：315."

开放的塔"院"

慈云寺与国师塔

慈云寺，原名慈云庵，始建于明万历四十三年（公元 1615 年）。康熙十四年（公元 1675 年）已近垂暮的名僧玉琳国师只身云游，挂单于淮安慈云寺，八月十日说偈趺坐而逝，为佛法作了最后一次布施，以自己的肉身来兴隆此一方道场。雍正十三年（公元 1735 年）以清江浦慈云庵为大觉圆寂之所，诏拨淮关银照大丛林式兴建，置香火地，命内务大臣、淮关监督年希尧督建，钦赐"慈云禅寺"匾额，改庵为寺，至乾隆四年（公元 1739 年）大功告成。今日再建之国师塔，即为当年纪念玉琳国师之法王塔，后毁于战火。

从"寺之塔"至"河之塔"

国师塔以东与水务和文运因缘密切的文笔塔已不存在，而构成"五教合一"环伺格局的文庙、清真寺、耶稣堂等建筑保存完好，与里运河水岸关系明晰。塔"院"的理景，顺理成章地应整合运河两岸景观格局，走向对城市景观更具独特性、在地性的设计呈现。其既应当被归位于城与河之间历史上的景观秩序，呈现其多重价值，又应当面对新的需求，因循变化的可能，成为可以激发城市活力的空间。

从城市景观视角来看：首先，清江闸的地位举足轻重，南船北马在此调换，是转运的冲要；其次，和水运相关，大运河城市如扬州、淮安等，沿河均有些特殊的空间布局方式，如清真寺等多面河而置。而构成组合式景观格局的慈云禅寺和文庙与大运河的关系在历史上均以各自管理和交通需要为先，将其临运河的后院墙封闭，彼时虽由河上舟行可轻易感知塔的视觉中心地位，但人、

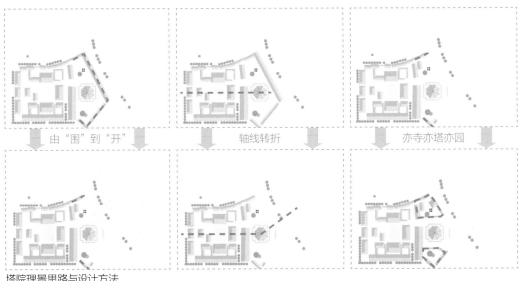

由"围"到"开"　　轴线转折　　亦寺亦塔亦园

塔院理景思路与设计方法

建成后的国师塔塔院沿河界面

水岸和塔之间却并无除视线联系以外的直接景观互动。

今日作为世界遗产之大运河，功能已发生若干变迁，新的城市生活对它的需求也转向航运、观览、市民活动、文化创意、改善城市建成环境等诉求的复合。塔"院"的设计，面向的不是作为承载历史信息的物质实体的湮灭或重建，而是构成历史景观格局的院落场所空间承载意义的传达。同时，由"围"到"开"：将塔从封闭的塔院中释放，不只是不建围墙，而是对塔的身份认识的转变，不再视之仅为慈云禅寺轴线的末梢端点，而将其阐释为同时亦是大运河和慈云禅寺之间的转换节点。

由传统塔院到运河塔"院"：结合场地中原有的古树，对塔周边不规则的城市地块进行划分，使寺的轴线在塔处发生转折，面向运河和码头形成开放的城市空间，从而使塔实现身份的转换，将传统的塔院转换成运河上的塔"院"，面向城市开放，塔岸之间形成有秩序的连续观看界面。

亦寺亦塔亦园

历史上的塔或塔院空间按塔在建筑群中位置、景观特点和空间氛围的不同，可大体分为3种类型：宗教环境空间（塔多位于寺院中心）、寺院园林环境空间（布局与宗教环境藕断丝连的同时吸收园林和庭院布局特色）、自然环境空间（塔虽为寺院园林构景服务，却也点缀自然风景）。

由建造年代、史籍记载和历史上塔的位置推知，慈云禅寺国师塔应属寺院园林环境空间类型，即塔在寺庙中轴北侧，以塔为中心构成塔院园林空间，通常会环以亭廊山门，点缀牌坊、石灯笼、香炉等小品，配以园林绿化，形成特殊格调的静谧、精巧气氛。

为了传达历史上塔院的这种空间特质，在塔院西侧设计了一处园林空间，保留了场所中原有的梧桐树，置若干石块；沿寺庙后墙造一座二层小楼，以遮挡视线。在临河面建一小阁，与高耸的塔连成起伏。在园中或楼阁之上，或抬眼，或俯视，塔可入景，河亦川流。

这些塔和塔院不只是寺庙的组成部分，它们曾经影响着城市历史上的景观格局。其建造之初的整体思考彰显着古人的智慧和思维逻辑，也给当下的我们以启示：在城市景观格局内解读这些塔和塔院，有助于对它们价值的理解和发见，亦可提供一个可靠的视角，以观察物质实体已然湮灭的建筑和场所所承载的意义。

基于这样的理解，塔院的理景所关怀的是，入遗后大运河上的塔和塔院应当对今天的城市作出怎样的贡献。从城市景观的整体性视野阅读和呈现，是一个理解价值和开展设计的有效策略。如今的慈云寺国师塔院和广场已成为影视作品取景、市民踏青、骑行、赛事、节庆活动频繁发生的场地，既是与运河呼应之处所，也关照着城市和人本的需求。

资料来源：
许昊皓摄影。

本文中未标注来源的图片均为作者自绘。

寺塔与塔院

建成后的塔院园林空间

全面推动历史文化保护传承工作高质量发展
——对话江苏省城市规划研究会理事长张鑑

张鑑
江苏省城市规划研究会理事长，住房和城乡建设部科技委历史文化保护传承专委会委员，江苏省城乡历史文化遗产保护传承专家指导委员会委员

2021 年 8 月，中共中央办公厅、国务院办公厅印发了《关于在城乡建设中加强历史文化保护传承的意见》（以下简称《意见》）。这是自 1982 年建立历史文化名城保护制度以来，首次以中央名义专门印发的关于城乡历史文化保护传承的文件，从空间范畴、时间跨度、体制机制等多维度体现了新时期"系统完整保护传承城乡历史文化遗产"的新要求。由此表明，历史文化保护传承工作进入一个全新的阶段，要全面推动历史文化保护传承工作高质量发展。为此，《城镇化》与江苏省城市规划研究会理事长张鑑展开了一次学术对话。

《城镇化》：当前，我国正处在实现中华民族伟大复兴的关键时期，国家高度重视历史文化的保护传承，我们江苏作为经济大省和文化强省，应如何再认识历史文化保护传承的重要意义？

张鑑：历史文化是一个国家、一个民族生生不息的根脉。习近平总书记强调，"要本着对历史负责、对人民负责的态度，建立分类科学、保护有力、管理有效的城乡历史文化保护传承体系"，"坚定文化自信，离不开对中华民族历史的认知和运用"。历史文化遗产承载着中华民族的基因和血脉，不仅是中华文明绵延传承的真实见证，更是中华儿女的乡愁所寄、情感所属。我们要加强对全省各类历史文化遗存资源的价值研究和内涵凝练，在城乡建设中树立和突出具有群体心理认同感的中华文化符号和中华民族形象，充分激发人民群众的民族自豪感和文化自信心。继

中央发布《意见》之后，2022 年 4 月，江苏省委办公厅、省政府办公厅印发《关于在城乡建设中加强历史文化保护传承的实施意见》（以下简称《实施意见》），对全省历史文化保护对象、活化方式、传承路径及工作机制提出了更高、更具体的要求，特别强调了历史文化遗产保护利用传承要与城乡高质量建设、区域特色打造、现代生产生活融合发展。当前，保护好、传承好历史文化被赋予了更加深远的意义。我们江苏应结合中央要求和省情实际，加快构建系统完整的城乡历史文化保护传承体系，促进历史文化保护传承工作全面融入城乡建设和经济社会发展大局，为推动江苏城乡建设高质量发展，加快文化强省、美丽江苏建设步伐，全面推进中国式现代化江苏新实践，为更好"扛起新使命、谱写新篇章"提供有力支撑。

评弹

昆曲

核雕

紫砂

《城镇化》：国家和省两级的文件中均明确地提出了要构建历史文化保护传承体系的新要求，请您结合江苏实际，谈谈如何创新性地系统构建历史文化保护传承体系？

张鑑：构建历史文化保护传承体系，这是一个全新的课题，也是一个必须探索的命题。作为一个体系，必须是整体的网络状的，就是要把许多分散的历史文化资源研究整理归纳成为具有关联的体系。

基于江苏历史文化渊源的分析和历史文化遗存分布的研究，江苏的历史文化保护传承体系可以是多视角的，可以从不同的价值视角构建不同的历史文化保护传承体系，这有利于更加开放和包容性地实现历史文化的保护传承。诸如以历史文化名城、名镇、名村和传统村落为核心的城镇村空间聚落历史文化保护传承体系，以近代革命文化为核心的红色文化保护传承体系，以各级文物保护单位、历史建筑、风貌建筑为代表的建筑风貌历史文化保护传承体系，以长江、大运河、淮河及其相关的遗存为核心的流域历史文化保护传承体系，以工商业建筑物和构筑物为核心的工商历史文化保护传承体系，以紫砂、制盐、制砖等遗存和工艺为代表的特色历史文化保护传承体系，以古代都城及其形制、城墙、空间格局、功能建筑等为代表的都城历史文化保护传承体系。随着历史文化保护传承工作的深入，历史文化保护传承体系也会不断补充、完善和丰富。

历史文化保护传承体系的构建，主要涉及定、补、保、传四个方面。定，就是确定构成体系的现有保护对象；补，就是随着历史文化研究和挖掘、认定和公布，保护对象会不断地补充，体系也会不断完善；保，就是要明确保护传承体系的保护传承要求和措施；传，就是把历史文化体系所代表的文化精神加以传承，把历史文化体系所拥有的物质资源加以活化利用。

国家历史文化名城——镇江

资料来源：
镇江市城建档案馆张治。

《城镇化》：空间全覆盖、要素全囊括的保护要求已经成为全国和各省开展历史文化保护传承工作的新要求，需要各地进一步挖掘和梳理历史文化全要素资源，您认为作为文化大省的江苏应如何开展这方面的工作？

张鑑：《意见》明确保护对象"主要包括历史文化名城、名镇、名村（传统村落）、街区和不可移动文物、历史建筑、历史地段，与工业遗产、农业文化遗产、灌溉工程遗产、非物质文化遗产、地名文化遗产等保护传承共同构成的有机整体"，《实施意见》要求"保护历史文化名城、名镇、名村（传统村落），保护历史文化街区、历史地段、地下文物埋藏区和风景名胜区，保护不可移动文物、历史建筑（传统建筑组群）和传统园林，保护古井、古桥、古树名木、工业遗产、农业文化遗产、灌溉工程遗产、非物质文化遗产和地名文化遗产，保护历史文化线路、廊道和网络等区域性历史文化资源"。为了实现以上"空间全覆盖、要素全囊括"的保护要求，需要加快全省历史文化资源全要素的普查，摸清家底，在新的基础上构建历史文化保护传承体系，高质量做好历史文化保护传承工作。

按照"实现古代与近代全覆盖，地上与地下全囊括"的要求，必须构建一个现代化的信息化平台进行管理。不仅要统一数据信息采集、测绘、建档、查询、更新、监管，而且要统一数据和图形文件标准。不仅用于保护传承管理，而且用于社会大众的共赏和教育。不仅服务于具体行政主体，而且要实现信息数据的省、市共享共管并与国家信息平台对接。让我省历史文化保护传承工作与现代信息化相匹配和协调，也为我省历史文化保护传承工作提供支持。

《城镇化》：江苏作为历史文化保护工作走在全国前列的省份，之前也率先颁布了《江苏省历史文化名城名镇保护条例》等法律法规文件，在历史文化保护工作中发挥了重要作用。为更好地引导全省历史文化保护传承工作，我们江苏应如何制定更为完善的历史文化保护传承法规体系？

张鑑：当前，历史文化保护传承工作涉及面更广、保护对象更多、工作要求更高，为了实现历史文化保护传承"要素全囊括、空间全覆盖"的目标，亟待研究制定《历史文化保护传承法》，构建历史文化保护传承的顶层框架，对接《文物法》，统筹《历史文化名城名镇保护条例》，补充完善涵盖工业遗产、农业文化遗产、灌溉工程遗产等保护对象的法规体系，进一步优化管理机制、明确部门职责、厘清保护体系、规范保护举措、指明传承路径，保障我省历史文化保护传承工作在新的征程上取得更加优异的成绩。同时，在完善法规体系的基础上，也要优化完善涵盖全要素保护对象在内的普查、认定、保护规划编制、建设工艺、建筑材料、传承利用等相关工作的技术规定文件，科学合理地指导历史文化保护传承工作。

《城镇化》：目前，江苏启动了省级层面的城乡历史文化保护传承体系规划编制工作，各市、县也将开展新一轮面向 2035 年的历史文化保护传承规划和历史文化保护传承的工作计划。请您结合江苏实际，谈谈对编制历史文化保护传承规划和实施历史文化保护传承工作的建议？

张鑑：《意见》明确"国家、省（自治区、直辖市）分别编制全国城乡历史文化保护传承体系规划纲要及省级规划"，《实施意见》明确"要

中国历史年文化名镇——黎里镇

中国历史文化名村——明月湾村口

锡钢浜运河汇活化利用实景

兴化垛田鸟瞰图

洋河酒厂生产车间

香山帮的工人在从事大木作——安装斗栱

编制省、市、县三级保护规划，省级编制全省城乡历史文化保护传承体系规划"的要求。这里的"全省城乡历史文化保护传承体系规划"是一个全新的要求和全新的任务，将系统整体地研究我省的历史文化及其遗产，从不同价值视角确定我省的历史文化保护体系，明确保护传承的理念和思路，构建历史文化的空间格局，提出保护传承的举措及其实施重点等内容，对全省历史文化保护传承工作起到纲举目张的统领性作用。加快省级城乡历史文化保护传承体系规划的编制工作，有利于对上对接国家纲要，对下指导市县历史文化保护传承规划。

各地要编制历史文化名城保护规划、历史文化名镇保护规划、历史文化名村保护规划、传统村落保护规划和历史文化街区保护规划，不仅从公共政策的视角落实保护的要求，而且要从百姓的视角落实民生的需求，使历史文化保护规划真正成为实用的、可实施的规划。同时，要划定历史建筑、工业遗产、农业文化遗产、灌溉工程遗产等保护对象的保护区划，明确保护活化利用的要求，依法依规全面保护历史文化遗存，同时使得历史文化遗存真正成为城市的文化资源和物质财富。

历史文化保护传承不仅需要保护规划，更需要实施计划，将保护规划落到实处，见到实效。历史文化保护传承既要应保尽保，又要传承活化利用。按照《实施意见》的要求，市、县要加快编制规划期限到2035年的历史文化保护传承规划，以及到"十四五"期末的城乡历史文化遗产保护传承行动方案，确定年度保护传承项目并纳入年度城乡建设计划，将"规划图"变为"时间表"，

将历史文化保护传承工作落到实处，年年有成效。其中，五年行动方案的目标任务，应和国民经济与社会发展规划相配套，其确定的工作总量要跟社会经济发展水平相适应，与地方财力支持相匹配。年度计划的项目清单，要细化保护规划和五年行动方案，切实保护历史文化，积极传承历史文化，努力改善人居环境，实现历史文化保护传承、促进城乡经济发展、提高城乡居民生活品质的城乡高质量发展。

《城镇化》：历史文化的保护传承是长期的、持续性的工作，需要与我们的城市建设、乡村振兴等工作相关联。请您结合江苏城镇化进程，谈谈我们历史文化保护传承工作应如何与城乡建设相融合？

张鑑：习近平总书记明确提出，"在改造老城、开发新城过程中，要保护好城市历史文化遗存，延续城市文脉，使历史和当代相得益彰"。我们要不断提升保护意识和保护水平，强化历史文化保护传承与城市更新、乡村建设之间的良性互动，做到应保尽保，守住文化根脉，让城市留下记忆，让人们记住乡愁。

习近平总书记强调，"既要改善人居环境，又要保护历史文化底蕴，让历史文化和现代生活融为一体"。我们要坚持以人民为中心，以改善民生为出发点和落脚点，不断加深历史文化与百姓生活的连接，从公共空间的特色塑造，到传统民居有机更新，再到传统节庆和纪念活动举办，让江苏大地处处见历史、处处显文化，使历史文化遗产成为百姓喜闻乐见的生活元素。

清代宫廷画家徐扬所作《姑苏繁华图》中描绘苏州城西南风物

苏州古建老宅的保护更新与活化利用
——以苏州古城平江路片区为例

徐学良

苏州姑苏古建保护发展有限公司总裁，专注于苏州古城保护与更新事业十余年，主持了苏州古城大石头巷秦宅、富郎中巷吴宅和中张家巷29号等多个古建老宅的保护、修缮和活化工作。

苏州古城拥有 2500 多年历史，保留了双盘棋格局的古城风貌和丰厚的文化遗产。古城主要位于姑苏区，保护范围占地面积为 19.2km²，文物古迹数量占苏州整体的 40%。其中，平江路历史文化街区文物古迹较为集中，街区总占地面积 116hm²，街区内全国重点文物保护单位 3 处——耦园（世界文化遗产）、全晋会馆、卫道观前潘宅，省级文物保护单位 2 处——惠荫园、潘世恩宅，市级文物保护单位 14 处，控制保护建筑 44 处。自 1982 年苏州入选首批国家历史文化名城以来，经过 40 多年发展，古城保护工作稳步向前发展，取得很好的成效。在这一过程中，苏州逐步探索出以各平台公司为实施主体推动古城范围内古建老宅更新利用的路径，并开展了具体生动的探索实践。

保护更新的实施流程

苏州古城平江路片区的街巷肌理和传统院落格局保护较好，古建老宅是构成街区的基本空间单元，也是街区更新的实施单元和项目组织单元，其保护修缮和活化利用是历史文化街区整体保护工作的持续过程。总体而言，古建老宅的保护修缮与活化利用可以分为 6 个阶段：第一阶段是资金筹措，第二阶段是房屋收储，第三阶段是设计报建，第四阶段是项目修缮，第五阶段是项目验收即产证办理，第六阶段是项目活化利用。实施主体负责资金筹措、项目策划、居民搬迁、保护修缮、销售及租赁经营等各项工作。完成保护更新的古建老宅，可吸收市场主体参与古建老宅的活化利用工作。

苏州古城平江路片区古建老宅保护更新与活化利用

在平江路历史文化街区及周边的片区，有市属国企等不同平台在做古建老宅活化类项目。其中，南石子街 8 号和 10 号是控制保护建筑，清光绪年间军机大臣潘祖荫及其弟潘祖年的住宅，由苏州名城保护集团启动保护修缮工程，2013 年与花间堂共同将潘宅打造为"花间堂·探花府"精品酒店。苏州市控保建筑"敬彝堂严宅"，由苏州文旅集团更新改造，目前是作为"姑苏小院"民宿。蒹葭巷 54 号、56 号由张家港市金城投资发展有限公司、南京宁颐实业有限责任公司和苏州名城建设集团共同投资运营，引入"颐和"酒店品牌，打造兼具客房、餐饮、咖啡厅等功能的"姑苏·金城颐和"精品酒店项目。卫道观前潘宅，是全国重点文物保护单位，市住房和城乡建设局主导保护修缮后，作为城建博物馆。

苏州姑苏古建保护发展有限公司（简称古建公司）完成的项目有富郎中巷吴宅、大石头巷秦宅、庙堂巷 11 号和 12 号、悬桥巷 25 号等。

古建公司作为姑苏区政府明确的平江路片区古建老宅保护更新与活化利用的实施主体，长期负责平江路片区整体保护示范工程前期研究、房屋腾迁修缮项目、基础设施建设项目，一直致力于推动平江路片区古建老宅的保护更新和活化利用。截至 2023 年 5 月，平江路片区更新已启动搬迁和实际管理古建老宅 54 个，涉及总建筑面积约 43524 m²，已完成修缮项目 4 个、活化利用项目 6 个，正在修缮的项目 10 个。还通过组织"苏州古城复兴建筑设计工作营"等竞赛活动，邀请知名院士、大师主导设计，选拔优秀作品，为古城保护注入活力。

更新后的南石子街 8 号和 10 号成为"探花府"

拆违

修木构

墙体砌筑

屋面铺设

屋面铺瓦

屋脊施工

木窗安装

地面方砖铺设

木结构古建筑的修缮流程

产权归集与修缮实施

资金筹措与房屋收储。目前的资金投入主要以实施主体自筹资金为主，包括注册资本金和银行贷款，其中注册资本金占比约 45%。房屋收储有协议搬迁和征收两种模式，协议搬迁方式时间较短，但需要获取产权人 100% 的同意，协商的时间短且成功率较低；征收方式成功率高但项目持续时间长，项目启动后征收资金就需要全部到位，全流程下来财务成本高。目前的货币化补偿成本达到 5 万 ~6 万元 / ㎡，居民普遍愿意搬迁。但受制于房屋产权不清晰、违建面积过大等多种矛盾，部分院落搬迁难度较大。

设计报建阶段。首先，办理房屋产权注销，对部分共有土地证、产权证的房屋进行测绘、指界、公示后实现产权分割，并按照流程注销部分房屋产权，实现产权归集；其次，由实施主体组织编制文物部分的文物修缮方案，报文物主管部门审查，经专家论证后获得相应批复；再次，自然资源部门对规划方案进行联合审查，并按政策办理用地手续和建设规划许可证；最后，住建部门对非文物部分的施工图进行审查，并办理施工许可证。其中，根据《苏州市进一步深化工程建设项目审批制度改革工程实施方案》，苏州市审图中心在全国首创以"一宅一方案"的施工图审查方式对传统民居的消防安全、结构安全进行重点审查。

项目修缮阶段。以建新巷 30 号孝友堂张宅（控制保护建筑）为例，木结构古建筑的修缮大致经过以下 10 项流程：拆除项目范围内的违章搭建；对室内后续的装修部分进行拆除；搭设施工脚手架，拆除建筑屋面；暴露木结构并检查残损情况，比对施工图纸并作适应性调整；对木结构进行整体纠偏，打牮拨正，对木柱糟朽部分除去后进行墩接；拆除存在安全隐患的墙体，按原工艺重新砌筑墙体；铺设屋顶望砖、防水卷材，增加砂浆保护层；屋面传统工艺铺瓦，用传统工艺进行屋脊、脊饰施工；室内铺设木楼板、木楼梯，立面木窗安装，对木结构及装饰件进行底灰、打磨、油漆处理；地面方砖铺设。文物部分的修缮需按照文物部门批复的施工方案进行，并根据施工过程中的发现调整优化方案，文物部门的文物保护管理所会对文物修缮施工的过程进行监督；传统民居部分的施工以住建部门批复的施工图为准，质量安全监督部门会对施工过程进行监督。

项目验收主要包括规划核实、文物验收、竣工备案的流程，产证办理主要包括权籍调查、房产测绘等，总时长约为 6 个月。项目的活化利用主要有租赁、转让、高价值利用三种模式。

多途径的活化利用

一是租赁给税源企业，作为入驻企业的办公、展陈和接待场所，目前租金为每个月 180 元 / ㎡ 左右，难以覆盖修缮成本，但租赁企业可以为姑苏区带来较多税源。通过签订租赁监管协议的方式，约定监管期内租赁企业需要缴纳的税收额度。

二是通过签订出售合同，转让给目标企业。以中张家巷 29 号为例，项目用地面积 231 ㎡、建筑面积 268 ㎡。经税务部门集体研究后，认定基本符合视同新建房的计税条件，2022 年在苏州产权交易所公开挂牌，因挂牌价位满足市场可以接受的价格，最终成功完成交易转让，并办理不动产权证。

三是作为经营高价值业态的场所，主要是作为精品酒店经营使用，由于酒店客单价较高，部分地段好的项目可行，但是项目也面临人员密集场所的消防审查、消防验收等难题。

中张家巷 29 号修缮前后的对比

6月	7月	8月	8月	10月
资产评估报国资办审批	产权交易所挂牌	企业摘牌 签署正式转移合同 出具公开转让鉴证报告书	产权交易手续 税务局办理缴税	办理不动产权证
	挂牌公告期不少于 30 个工作日		卖方：增值税及附加税、土地增值税、印花税 买方：契税、印花税	

中张家巷 29 号转让的过程

富郎中巷吴宅（已出租）

大石头巷秦宅（已出租）

中张家巷 29 号（先租后售）

郏长巷 7 号（已出租）

庙堂巷 11 号、12 号（已签署租赁协议）

庙堂巷 14 号（已签署租赁协议）

悬桥巷 25 号（已签署框架协议）

尚堂弄 4 号、8 号、10 号（已确认意向单位）

古建公司已经开展活化的项目

活化利用路径的思考

高昂的更新成本与受限的活化利用途径

当前，古建老宅活化项目的搬迁和征收成本远高于市场二手房交易价格，古建老宅修缮费用远高于新建项目。同时，协议搬迁和征收完成产权归集时间漫长等因素，造成项目的整体投入和长期财务成本高。

受限于原有使用功能和消防审查，古建老宅活化利用为人员密集型的商业存在困难；处于活化阶段的老宅相对零散，整体经营管理成本增加。古建老宅因历史价值、重要性、保护程度等不同，大致可分为文保单位、控制保护建筑、文物登录点等，目前仅有文物登录点、传统民居等资产的产权转移暂时不受限。如果修缮后仅作为办公场所租赁给税源企业，实施主体将面临沉重的资金负担，造成整体模式难以持续。

探索中的视同新建房销售模式

当前从事保护更新项目的实施主体多为国资企业，国资企业因为融资需要，大多没有房地产经营资质，无法按房地产的模式进行预售或现房销售。根据要求，国有资产转移必须通过产权交易所实现资产销售，销售时税务部门目前主要有自有土地自主更新模式和视同新建房销售模式两种流转税计税模式。自有土地自主更新模式下，原则上可以作为计税成本抵扣的只有两项：房屋重置价和缴纳的土地出让金及契税，其他费用均不能作为税务计算扣减成本。自有土地自主更新模式税务部门认定的产权交易计税模式的保本销售价格已远超过市场可接受的程度。

在中张家巷 29 号的保护修缮与活化利用中，在苏州市与姑苏区两级政府有关部门的共同努力和支持下，探索了一种"视同新建房的销售模式"来优化交易过程中的税费成本。主要路径为国有企业实现产权归集统一并将原产权进行注销，签订国有建设用地使用权出让合同后，对古建老宅进行类似于新建（落架维修、复建、重建）的项目处理，办理不动产权证后，再对外销售，税务部门认为同时满足签订土地合同和类似于新建项目的前提，可视同符合新建房的开发条件进行计税。95% 的搬迁成本、前期费用、土地出让金、95% 的建设成本、合理的管理费用、按 5% 计算的财务成本可以抵扣土地增值税。中张家巷29 号资产经税务部门集体研究后，认定基本符合视同新建房的计税条件，2022 年在苏州产权

交易所公开挂牌，因挂牌价位满足市场可以接受的价格，最终成功完成交易转让。

采用"视同新建房项目销售"模式，需要满足两个条件：签订国有建设用地使用权出让合同和税务部门认可为新建项目。对于苏州古城范围内的古建老宅，"修缮"作为古城保护特有的一种建设形式，包含歇山屋顶维修、落架维修等类型。市区税务部门经过实地勘察平江片区古建老宅修缮情况，认为每幢房屋采取局部落架维修的项目也可研究视同为新建房的计税模式。

可能的其他模式

目前，姑苏区正在探索土地储备部门连房带地公开挂牌出让、股权交易方式转让等模式，但也面临土地出让金市级留存、带建筑物挂牌监管、股转模式需要符合特定条件等限制。

连房带地公开挂牌模式。古建老宅所在地块协议搬迁完毕，未启动老宅前期报建和修缮前，由政府将国资公司收储的古建老宅项目连房带地收储，再带建筑物挂牌出让。此种交易方式，优点是土地部分属于一级市场出让土地，土地转移不涉及增值税和土地增值税，建筑物作为所有权转移涉及有关税收；弊端是流程复杂，涉及部门较多，且土地公开拍卖，周期较长，同时还面临土地出让金市级留存带来的成本增加、带建筑物挂牌出让需要省级备案等难点。

以股权交易方式销售。从事古城保护的国有企业设立全资项目公司，待项目修缮完成办理出新不动产证到国有企业名下，再以资产注入方式到项目公司，对项目公司的股权实现转让。其优点是可以大幅度较少交易环节的相关税费；弊端是，这种模式要求国企名下存在若干项目公司，同时两个及以上的项目注入项目公司，而项目公司作为国有资产，其股权定价也面临较大难度。

小结

尽管苏州古建老宅的保护更新和活化利用已经探索出一条可行的路径，并在部分项目中予以积极实践，但在原产权注销、施工审批等环节依然面临时限长、审批难的问题，在活化利用阶段则面临税费认定等难点。因此，建议省市相关部门针对古建老宅的保护与更新，出台针对性政策，以减少审批时限、降低交易成本，支持多方实施主体微利可持续、渐进有序地参与古建老宅的保护与更新，实现苏州古城的整体保护与持续活力。

把最好的技艺留在传统建筑营造上
——对话香山帮代表性传承人杨根兴

杨根兴

苏州蒯祥古建公司董事长，同时也是香山帮营造技艺省级代表性传承人、香山工坊创始人，推动了古建营造工厂化、智能化。杨根兴先生先后主持和参与大量古建筑保护修缮工程，如南京夫子庙、朝天宫、鸡鸣寺宝塔古建筑群、苏州桐芳巷古街区、十全街、盘门胜景等地建筑修复，也主持建设了澳大利亚墨尔本市唐人街牌楼、澳大利亚国际村苏州园林等海外项目。

传统建造技艺是传播和复兴我国传统文化的优秀载体，技艺的背后还包含了民俗约定、传统文化、哲学思想等，在全球化的语境中就是一种文化自信。江苏在传统营造技艺传承的工作中表现突出，尤其是工艺传承上全国领先，如香山帮数百年来钻研于手工建筑技艺，秉承了中国传统建筑的营造法式，有着浓厚的地方特色。更为宝贵的是，江苏存在着一大批工匠、艺人，为江苏未来传统工艺的传承发展和研究打下了良好的基础。

《城镇化》： 江苏历史悠久，人文荟萃，拥有丰富多元、特色鲜明的地域传统建筑文化，以香山帮为代表的江苏传统营造技艺更是世界非物质文化遗产。请您谈一谈香山帮营造技艺的价值所在？

杨根兴： 我出生于 1953 年，今年 70 岁。从 1983 年带领香山工匠修复南京夫子庙古建筑群算起，我参与香山帮营造技艺传承工作已有 40 年了。

40 年来，我无数次被问到同一问题——什么是香山帮？

"江南木工巧匠皆出于香山"，香山帮就是以木匠领衔，集泥水匠、漆匠、堆灰匠、雕塑匠、叠山匠、彩绘匠等工种于一体的建筑工匠群体，也是中式传统建筑营造技艺传承者，能做出复杂精细的江南苏式建筑。我们一代接着一代，踏遍万水千山，把六百多年的历史堆砌到了今天人们的眼前，我们千百年来不曾衰落，是因为能将建筑技术与建筑艺术融为一体。譬如，苏州古典园林建筑小巧玲珑、精雕细琢，"青砖小瓦马头墙，挂落栏杆花格窗"，让技术与艺术交融，以精为主，非以多为主。香山帮的营造技艺理念，就是将建筑技术和建筑艺术融为一体。

《城镇化》： 传统建筑营造的学习是一个长期的过程，听说您做过很多精彩的古建修复项目，来和大家一起聊聊您的学习工作经历吧？

杨根兴： 我出生在香山帮的发源地横泾，从我太爷爷、爷爷开始，祖上四代都是工匠。我是 16 岁跟父亲学徒，起初主要是在乡下做工。那个时候，我们农村建筑都是木结构，我主要是做砌砖、砌墙这些活。20 岁时，就进了当地的横泾建筑站工程队。刚去时队里有 10 个人左右，因为我技术比较好，21 岁就当了工程队青年突击排的副排长。

1983 年，那时候我刚满 30 岁，我们几十个香山工匠到南京修复夫子庙古建筑群和秦淮河风光带，一修就是 9 年，这是我特别自豪的一件事。老百姓通常所说的南京夫子庙，实际包括夫子庙、学宫和贡院三大建筑群。夫子庙的大部分建筑于 1937 年毁于日军侵华战火，今天我们看到的夫子庙建筑大部分是重建之后的模样。当时我们按照历史上形成的庙会格局，复建了东市场、西市场，周围茶肆、酒楼、店铺等建筑也都改建成明清风格，还把临河的贡院街一带改造为古色古香的旅游文化商业街。夫子庙修复工程开始施工后，南京这个市场就被我们打开了。除了夫子

香山帮匠人施工

古建营造工艺

园林营造工艺

庙以外，朝天宫、玄武湖、珍珠泉等项目都铺开了，后来南京哪个地方有古建筑都请我们去。因为我们在南京夫子庙修复项目打开了局面。

后来因为我女儿要考高中了，我就回了苏州。恰巧当时苏州市要进行旧城改造，领导和专家们对旧城改造该怎么改心里没有底。我回来之后，他们知道我在南京做了这么多年，一直负责技术、生产管理整个环节，所以就让我参加了桐芳巷项目。桐芳巷是居民小区，里面有工业楼，有别墅。因为苏州市的土地紧张，设计很紧凑，别墅院子园林都是很小的，怎么能体现苏州园林的这种味道，难度也很大。桐芳巷只有8亩地，要造个园林出来确实不容易。地方小，还要做出苏州小桥流水、青砖小瓦的这种感觉出来，从设计来说，他们花了不少工夫，从施工过程来说，我们也花了不少精力，当时作为样板工程做出来还是很成功的，院子虽然小，但里边有亭台楼阁，精致小巧。我在苏州做的第二个项目是江枫园，我们把苏州建筑小巧玲珑、精雕细琢、简洁明亮的特点运用上去，做了一个样板房，江枫园也就一炮打响了。

后来我也接了一些商业项目，我发现它们运用古典园林营造技艺，往往更有惊艳的感觉，如之前一个上海的项目，我亲自参与，从瓦块的摆放到戗角的处理，都遵循古法技艺，进行纯手工安置和处理，都是功夫活。还有就是特别考验耐心的"花街铺地"，历来是香山帮绝学，路面的纹样、材料与意境结合，有非常多的形式：十字海棠纹、冰裂纹、龟背纹、灯笼纹等。"花街铺

地"工序繁多，地面找平、夯实、整平，覆上轻沙、整平，再覆盖一定比例的水泥，用网砖做好框架，然后开始铺砌鹅卵石，砖瓦石的镶嵌、合缝、拉线，收口收边，都非常考验耐心。精工出细活，古典的环境营造也无形中提升了整个商业项目的审美。

50多年来，我们在很多地方都留存了香山帮的手作印记，如南京朝天宫、鸡鸣寺及苏州十全街等，我们还承接了澳大利亚墨尔本市唐人街牌楼和捷克六角亭及月洞门工程等海外古建筑的设计和修缮工程，得到海内外古建专家的肯定和赞誉。

《城镇化》：经过多年的传统建筑营造工作，请您谈谈对活态传承的理解？

杨根兴：苏州园林甲天下，苏州园林是我们中国传统建筑的代表作。但是我们的传统建筑没有考虑室内通风、采光等问题，传统的理念是建筑环境要暗的，不要亮的。这和我们现在要的透气、通风的现代建筑环境有所不同。所以，我现在一直在研究传统的东西如何结合我们现代人的需要。我觉得，如果年轻人不喜欢，这个工艺传不下去的。现在我一直强调，要把我们传统的工艺结合现代的理念，好的东西我们要吸纳，有的东西我们要改变、要提升，这样才能让年轻人喜欢，才能够有所发展，才能真正把传统工艺一代一代传下去。现在结构都是钢筋混凝土，但是一看这个房子，怎么能认出来是苏州传统的工艺

南京夫子庙

南京朝天宫

苏州十全街

呢？我们在建筑外面采用木结构，柱子、挂落、栏杆、花格窗等这些传统的样式，室内还是选择现代的设计方式。窗的做法结合了传统图案与现代的技术手法，按照现在的中空玻璃制作，把传统的花格窗搁在玻璃中间，不但好看，又方便打扫，这又是一大发明。

国家也一直在强调，城市建设要有自己的特色。不能来到了中国，看到的都是国外的东西。但在我们看来，不仅应该体现中国特色，还要体现地方特色、城市特色，应该是到了每个城市，可以看到每个城市的特点。比方说我们香山帮的营造技艺是好的，但是我们也不是到了哪个地方都采用我们苏州风格。在安徽，可以用香山帮营造技艺，但是要体现徽派的特色风格，不能全部是用苏州的，同样的，到徐州要结合徐州乡土风味，采用徐州的建筑风格。传统建筑一定要结合

当地特色，才可以说是传承了文化。

在古城保护或者历史文化街区保护方面，要求必须原汁原味地使用传统营造技艺和材料。比如说我们的文物建筑修复，我一直讲，文物建筑跟人一样，人老了，回到原来是不可能的，我们要做的是怎样让它"健康"。文物建筑要呈现原来的样子，那么我们就要做功课，要测绘、评判、评估，哪个地方要修，怎么修，哪些东西是坚决不能换的，要确定好。必须要更换的构件，要按照原来的风格、做法，把东西换上去，这才是对文物保护的态度。所以，在文物建筑的修复过程中，首先是看它的"健康状况"。如果文物建筑已经坏得很厉害了，那肯定要动"大手术"。但是在基本"健康"的情况下，尽量不要去大动。对于文物建筑，我们要保护它的历史价值，所以，从材料到施工工艺原汁原味地修复，尽可能不改

现在的苏州蒯祥古建园林工程有限公司

变它的面貌，这点是关键。

由于国家对环保的要求，目前，传统的砖已经不允许再生产，老的砖回收不到，这个砖的问题怎么解决，如何替代？所以说，如何合理地用新的工艺、新的材料创新突破或替代，这是一个大课题。我们的传统建筑有一些材料的缺陷，在这方面需要新的工艺、新的材料。比如说油漆，原来大家一直认为生漆好，事实上生漆怕太阳晒，晒到太阳两三年就不行了。我们在桐芳巷的时候就用的树脂漆，但是也怕太阳暴晒，室内的油漆一般不容易变，但是外面晒了太阳的柱子漆就会发白。所以就需要改进生产技术，研发生态防晒防腐的油漆，类似于汽车漆。包括砖瓦这些，为了环保要求，现在已经不允许进行砖瓦烧制，那么研发出新的替代产品是必然趋势。

《城镇化》：近些年您一直致力于将传统工艺转向工厂化，请问您为什么想这么做呢？

杨根兴：作为香山帮匠人，我从小就崇拜蒯祥，蒯祥是我们香山帮的"祖师爷"，所以2003年转制过后，我们成立的公司叫蒯祥古建工程有限公司。转制过后，我们回到胥口镇，"香山古建营造技艺"也被列入了国家级非物质文化遗产。

"香山古建营造技艺"被列入首批国家级非物质文化遗产后，有一次我和胥口镇党委书记交谈时说，我是蒯祥古建的，我的根在这里，我留下来就要回到香山帮的发源地。他说好，肯定支持。后来我们在胥口镇的支持下成立了香山工坊，实现香山帮营造技艺的工厂化，把我们苏州从事古建行业的，包括做玉雕、石雕等传统工艺全部集中在香山工坊。不但拥有一个设计公司，还做了一个15亩地的木加工厂、一个工艺厂房，里面一个大车间有1500㎡。

古建这个行业，复杂精细，只能做精做强，不能做大做强。2010年我被评为省级传承人代表。市里给予了一笔奖补资金，我用这笔钱造了厂房，三层楼面有1500㎡空间在里面，我把苏州9个世界文化遗产的园林代表作，如拙政园、耦园、狮子林等里面有特色的建筑，按照比例缩小设计建造出来，集合成一个微缩园林。对许多人来说，园林化厂区就是一座用肉眼即可感受到的实实在在的"香山帮"。

生活向前，生产方式改变，传统的工艺也可以工厂化。走进古建工厂，你会发现这门传统的手作技艺正在机械化、智能化。传统的木工活，现在许多可以在数控的设备上完成，还有专门的木制品雕刻机。前几年我们还上了新的吸尘设备，负责吸走车间里的木屑粉尘，让生产建造过程更加生态环保。今天的许多亭台楼阁已经不需要在工地丈量打磨，只需在工厂里完成架构，到现场直接安装就可以。还有学徒包括学建筑的学生，只要走进这里就能看到老祖宗传下来的好东西，还能直接来这里进行度量、测绘，甚至有的公司或个人想要"定制"世界遗产，也可以在这些版本里直接找到参照，不用一个个园林去跑。

政府现在一直在号召将我们的营造技艺传承下去，我觉得非常有必要。我们现在的匠人，基本都是40岁以上，五六十岁为主。再过十几年，我们这个行业会面临难以为继的问题。我们就在想如何让年轻人来喜欢这个行业。我认为可以从两个方面解决传统营造技艺传承的困境：一是要给那些喜欢这个领域的年轻人搭建一个平台。我们这些传承人，肩膀上有这个责任，要把传统技艺一代代传下去。年轻人喜欢这个不容易的，要给他创造一个平台，要工厂化，不用天天在外面，也没有那么辛苦。二是工资待遇要提高。这不仅要依靠我们民营企业，还需要政府的关心和支持。

本文中未标注来源的图片均为作者提供。

探索文化遗产数字活化新纪元
——中国文化遗产数字化研究报告

□ 腾讯 SSV 数字文化实验室　腾讯研究院　中国人民大学创意产业技术研究院

宏观洞察：数字化焕活文化遗产新纪元

政策层面：对文化遗产保护利用的重视达到历史新高度

2022年，党的二十大报告明确指出建设文化强国、科技强国，文化遗产数字化作为两者的交叉领域，日益成为文化自信和科技自立自强的重要支撑。近年来文化遗产领域的顶层设计逐渐完善，为文化遗产的创造性转化与创新性发展提供了方向指引，也为坚定文化自信、不断提升国家文化软实力和中华文化影响力提供了重要支撑。

习近平总书记在对我国历史文化遗产做出的这一系列重要论述与批示指示中指出，"要让更多文物和文化遗产活起来，营造传承中华文明的浓厚社会氛围。要积极推进文物保护利用和文化遗产保护传承，挖掘文物和文化遗产的多重价值，传播更多承载中华文化、中国精神的价值符号和文化产品。"这为文化遗产数字化的发展方向提供了根本遵循。

自2016年起，"以用促保、文物活化"成为文化遗产的重要发展方向。相关部门出台了20项文化遗产数字化保护与利用相关政策。其中，"保护""数字化""应用""修复"等关键词出现频率较高，"保护"出现频次最高(1113次)，其次为"数字化"(108次)。"应用""保护""数字化""修复"等关键词从 2016年至2022年的频次变化总体呈上升趋势。其中，"应用""保护""修复"关键词在 2021年出现频次最高，分别达到42次、615 次、23次；"数字化"在2022年被提到的频次最高，达到68次，强调数字技术的使用和突破。特别是近两年，相关政策的表述对文化遗产在保护、修复、应用、数字化等主要方面的关注度均有较大提升。正如习近平总书记所说："要系统梳理传统文化资源，让收藏在禁宫里的文物、陈列在广阔大地上的遗产、书写在古籍里的文字都活起来"。

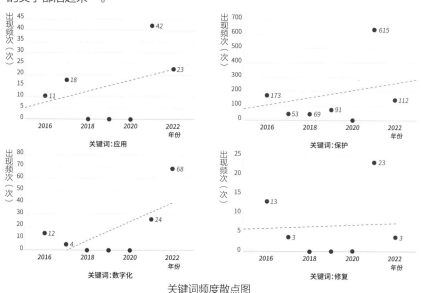

关键词频度散点图

社会观念：强价值认同与弱现状感知双向背离

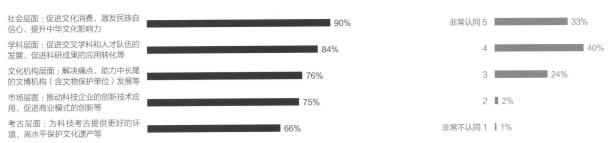

文化遗产数字化能带来的具体价值分类

用户端对科技助力文化遗产保护传承的认同程度

数字化应用：数字化采集、云展陈和实体文创成为当前发力点

文化遗产数字化保护、修复与采集的具体应用形式

消费者体验文化遗产的线上应用形式分布

数字化需求：技术应用期待多元增长

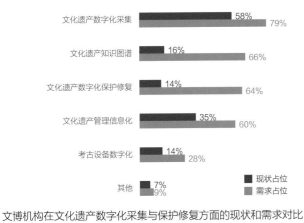

文博机构在文化遗产数字化采集与保护修复方面的现状和需求对比

可持续要素：科技、文化、大众认知、资金、人才为核心掣肘

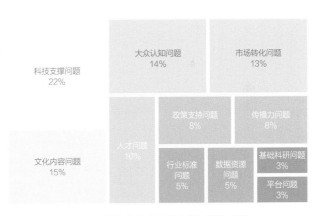

企业面临的文化遗产数字化问题维度图

文博机构与区域数字化差异：关注分化和失衡现象

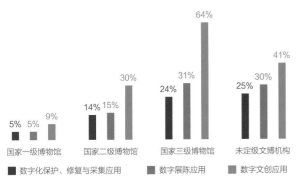

不同等级文博机构未开展相关数字化应用占比

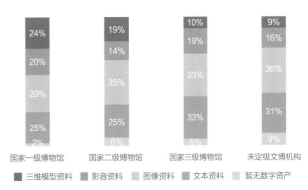

不同等级文博机构数字资产的主要形式

市场层面：文化遗产数字活化进入市场机遇期

数字化是文化遗产活化利用的核心思路

从文化资源端来看，当前公益性文化事业与经营性文化产业存在较大断点，市场化资源参与性不足、产业发展受限。我国是文化资源大国，海量的文化资源大多数集中在文博机构、文物保护单位等文化事业单位中。虽然部分单位已经开始探索从文化资源向文化数据的转化与积累，但大多数仍处于"沉睡数据"和"数据孤岛"状态，尚未转化成为文化生产要素，并带来社会价值和经济价值。这些均需要运用科技手段来提高资源价值彰显和使用效率。

从消费端来看，数字经济拉动文化消费市场的发展，数字文化消费需求井喷，用户对中国传统文化内容需求提升，国潮服饰、文物文创热度不断提升。但市场可开发利用的文化遗产资源匮乏，相关文化产品内容的供给仍较为局限，难以满足日益增长的文化消费需求，急需数字化来破解供需矛盾，推动文化事业和文化产业的融合发展。

资源端：数字化成为社会效益和经济效益可持续发展的助推器

在经济效益层面，数字技术能够推动海量文化遗产资源从"存量"数据到"增量"资产的价值转化。据国家文物局统计，截至2021年，我国共有56项世界遗产（位居世界前列）、1.08亿件（套）国有可移动文物、76万多处不可移动文物等。在确真、确权、确值的基础上，数字技术帮助文化遗产将器物层面的"存量"转换为价值层面的"增量"，实现文化遗产从数据化走向资产化。在社会效益层面，文化遗产外溢效应增强，走向社会大循环。数字科技一方面能够使文化遗产成为文化再创造、艺术再发展的文化源泉；另一方面能够将其文化价值、文化精神广泛赋能实体经济、城乡建设，也反映出我国文化遗产相关资源正从"自我领域"的"文化圈层"走向"服务经济社会发展"的"社会圈层"。

需求端：以消费为中心的供需议价权地位转变

从消费群体和内容上，年轻消费者的"文化归属感"和"国潮认同感"愈发凸显。科技能够链接文化遗产和更广泛的消费群体，年轻一代在文博数字化相关行业的参与度逐渐提高。以非遗举例而言，2022年淘宝平台非遗店铺数为32853家，较2020年增长9.5%，非遗交易额较2020年增长11.6%。90后和00后正在成为非遗商品消费主力。从消费形态和体验上，消费者对于沉浸式、强交互、创意新颖的数字文化消费需求逐步增长。一方面，文化遗产供给在数字技术的加持下正走向科技再现化、体验沉浸化，从过去的"低精密度、浅挖掘度"的弱科技供给模式走向"高精密度、高展现力"的强科技供给模式；另一方面，依托数字技术，文化遗产供给的传播力得到极大提升。

文化层面：文化遗产数字化是文化软实力的重要支撑

在国家文化数字化战略纵深推进的背景下，文化遗产逐渐从传统"二维呈现"向"全景呈现"转变，文化遗产的公共触达性与社会影响力得到有效提升。文化遗产数字化所带来的优势，不但可以借助科技修复、数字孪生等方式平衡传统保护与创新应用之间的矛盾，还能够突破文化遗产传播利用的时空限制，助力建构中华优秀传统文化传播的新模式。通过科技拉近文化遗产与生活的距离，特别契合了"Z世代"和其他年轻消费者的需求，因此在促进文化遗产融入当代生产生活、增强文化自信特别是青少年的文化自豪感、全景呈现中华文化、提升中华文化影响力等方面产生了可持续的社会价值。

实践探索：文化遗产数字化的创新应用前瞻

　　数字技术在文化遗产保护、传承和利用等领域的助力将有效推动文化遗产数字化可持续路径的探索，助力打造文化遗产保护修复、内容挖掘、智慧管理与活化利用实践新局面，实现文物保护技术升级、文化传承触达面扩张、文化利用转化性提高等目标。

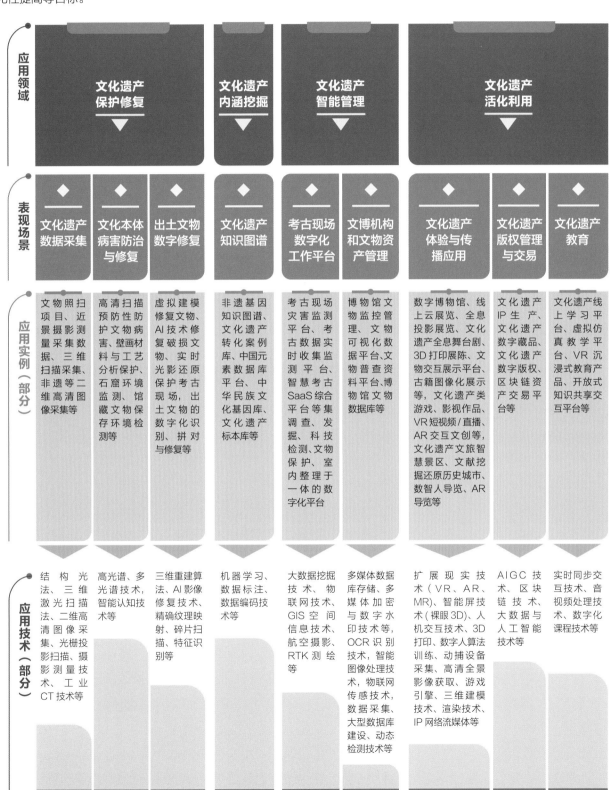

文化遗产数字化的创新应用体系

数字孪生与预防保护：数字文保应用走向纵深发展

数字化采集探索低成本、轻量化模式

　　数字化采集已成为文化遗产数字化保护的首要步骤，随着三维激光扫描、摄影测量等技术的成熟应用，数字化采集有望通过降低资金成本、简化采集流程等方式突破现有成本困境，开展高效、高速、高精度的数字化采集工作。

游戏技术提升文化遗产数字扫描效率

　　游戏技术已成为助力虚实融合的重要技术力量。通过建构数字内容制作软件矩阵，游戏引擎可实现集渲染、场景合成等于一体的生产流程，降低数字化扫描效率低、流程长、信息流失等痛点，契合文化遗产数字化采集工作需求。

数字孪生技术创新探索文化遗产保护利用一体化方案

　　运用单一角度、技术的传统保护方案已无法满足信息时代文化遗产前端保护需求。随着三维建模、数据采集与数据库构建等技术的发展，以数字孪生为底层支撑的文化遗产保护利用解决方案将解决文物扫描效率低、数据资源质量低、深度复原水平低等问题，对文化遗产实施"监测—修复—保护"的一站式保护。

数字技术为文化遗产提供预防性保护方案

　　当前数字技术在国内文物保护修复领域应用范围较小，高精度数字化信息采集和实验室分析等技术和手段逐步应用，能够为文物本体的监测与预防性保护提供有效数字化方案。

　　光子照扫专项"投影游戏现实虚幻交互，实现高效数字留存"项目对文化遗产数据进行高精度、高质量采集，借助游戏引擎技术，对采集的数字孪生资产在游戏内进行实时渲染，在虚拟世界中实现了文化遗产的高保真三维展示。

　　"石窟寺表面风化速度定量测定研究"项目通过建立高精度测量控制网，对云冈石窟第 9、10 列柱进行高精度、全方位三维信息采集，在世界上首次定量表述了石窟寺表面的风化速度，有效预测了石窟风化趋势，为石质文物本体预防性保护提供数字化方案。

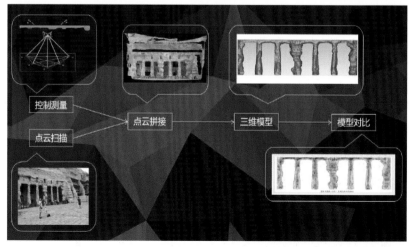

机器学习与知识图谱：文化遗产内容的智能挖掘与转换新手段

知识图谱技术创新文化遗产传承和转化范式

　　文化遗产知识图谱作为内容挖掘的新型手段，能够为学术研究、艺术表达和社会传播提供全新思路和途径，为文化遗产保护提供系统性思维参考。通过机器学习、数据标注等技术，知识图谱可构建"解构—归类—关联"链条，实现数据到文字、文字到视觉的转化，赋予文化遗产数据二次转化的生命力和更强的造血功能。

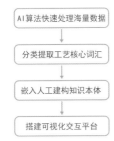

　　"中国非物质文化遗产基因挖掘与知识图谱绘制"项目借助文本分析算法、图像分析算法等专利技术，打造非遗领域的数据整合平台，提供面向非遗创意需求方的知识生产管理与转化应用解决方案。

数据中台与可视系统：文化遗产智慧管理的创新模式探索

SaaS 应用模式为考古行业提供低门槛数字化转型方案

　　数字考古已成为信息时代考古领域的重要发展趋势，智慧考古 SaaS（Sofrware as a Service）云服务平台通过打造"全流程+高便捷 + 体系化"的数字考古新局面，助力考古能力建设是促进考古工作在技术方法和工作模式上实现数字化转型的有效途径，为打造中国气派的考古学提供技术保障。

数据中台统一格式规范，助力文化遗产数据流通

　　随着文化遗产数字化进程的加快，标准化、规范化的数据格式将打通作为"数据来源"的文物本体和作为"数据出口"的产品市场之间的信息交互通道。未来，针对不同格式形态的文化遗产数据，设计流通范围更广、编目成本更低的数据格式规范将为文物数据转换、共享提供重要保障，进一步满足文化遗产数字化工作需要。

可视化体系为文化遗产管理提供智能化交互体验

　　以视觉表征手段呈现文化遗产数据已成为文化遗产智慧管理的时代趋势，融合信息图像技术与数据分析技术，以"二维数据—三维图像"的转换突破传统纸质化、平面化的数据呈现与管理方式，文化遗产可视化管理将有效提升文物信息的可读性、可理解性，强化文博领域信息管理的数字化水平。

虚实共生与多元体验：文化遗产"以用促保"的活化新场景

多维数字技术应用探索"在线+在场"展陈新体验

数字技术企业与机构正借助虚实融合、互联网等技术打造在线与在场相结合的文化遗产数字展陈新体验，推动文化遗产从传统线下、实体应用场景向云端线上、沉浸式场景拓展。大体量不可移动文物的数字展陈仍处在探索阶段，但智能终端设备可在互联网技术的支持下实现不可移动文物的立体空间式展览，为文物数字化展陈内容提供沉浸式体验新手段。

游戏化互动拓展文化遗产保护传承新方式

基于动机诉求、互动交流和场景体验的游戏化三大关键要素，文化遗产数字化传承可在虚幻引擎、人工交互等技术的支持下突破传统文化遗产文创产品的时间、空间等传播限制，打造以"高价值、多形式、深交互"为特征的文化遗产游戏传播链路。未来，以跨地域性、强交互性为特征的游戏将成为文化遗产活化传承的重要载体。

文化遗产数据融入城市历史、助力城市更新

城市中历史文化街区、历史建筑（传统建筑组群）等空间文化遗产的存在，亟须更灵活也更有效地认识城市的过去、现状和未来的关系。把城市整体看成研究对象，用更先进的全时段含人物场景事件的分析，帮助构建"历史空间"和"当代人文"之间的逻辑链条。以此建立起来的历史城市空间信息的动态模型，在保护并传播城市遗产符号信息的同时，还可以延续城市鲜活的生命力。

虚实交互营造文化遗产游览新体验

随着技术的不断成熟，对 AR/MR 技术的熟练应用将增强虚拟内容与实践环境的匹配度，并提升实践内容在虚拟环境中的表现力。在文化遗产数字展陈场景中，MR 终端可实时收集终端使用者看到的博物馆展陈数据，并经过算法实时叠加虚拟图像，为文化遗产数字化沉浸式交互展览增添更多交互与虚拟体验内容。

智能设计应用助力文化遗产实现市场价值转化

目前，文化遗产数字化生产力发展仍然不充分，文化事业和产业无法产生联动效应。文博机构借助语义理解、信息标注等智能设计技术提取文化元素，可实现元素数据的结构化、关联化，为文化遗产创新性发展和创造性转化提供素材源泉，建构文化事业与文化产业的"提取—设计—转化"关联链条，最终通过数据资产化实现文化遗产数据的市场价值。

文化遗产数字 IP 化拓展活化多元场景

IP经济的快速发展为文化遗产国潮注入商业基因，但传统国潮IP产品开发存在销售渠道窄、创意水平低等痛点。借助 VR/AR、区块链等数字技术与成熟的IP版权交易平台，文化遗产国潮开发可串联上、中、下游产业链，健全商业闭环链条，实现文化遗产的文化价值与产业价值双统一。

虚拟仿真教学推动文化遗产创新传承和推广

我国文化事业的快速发展正在推动文化遗产教育内容和手段的自我更迭，VR 互动式教学、虚拟仿真平台教学等教学新趋势正在重构文化遗产教育模式，为突破文化遗产教育浅层化、单一化、质量低等痛点提供了新可能。

空间逻辑

在宏观尺度对历史城市的空间形态生成逻辑进行总结分析

沉潜史料

挖掘历史文本隐藏的逻辑信息，充分提炼史料隐藏的"或然性"

关联模型

根据不同元素的空间功能深挖历史建筑布局的构成规则，形成历史城市空间要素的关联模型

事件推演

综合文本资料与城市空间信息，演绎历史事件的过程细节

趋势演绎

结合城市史料，分析归纳历史城市空间的发展趋势

场景再现

基于文本资料的空间信息，生成简洁、生动、直观的交互式虚拟场景

再造长安：基于文本大数据的历史城市分析与生成系统，借助人工智能、机器学习等技术，对隋唐长安城相关的大量历史文本大数据建档，提取文字隐藏的逻辑信息，搭建出针对历史城市的时、空、人、事动态演绎生成系统，以现代人的角度观察城市的时空变迁，为历史文化街区的更新与保护提供工具支持。

社会共创：探索文化遗产数字化的可持续发展路径

以数字技术赋能文化遗产的保护、传承与利用，是契合我国文化产业数字化战略和文化强国建设的重要路径。2022 年 5 月，在中国文物保护技术协会的指导下，腾讯 SSV 数字文化实验室、腾讯研究院、中国人民大学创意产业技术研究院联合特邀共创伙伴青腾，共同发起"探元计划"2022——探索文化遗产数字活化新纪元项目。

从角色定位上，文化遗产数字化作为跨领域、跨学科的社会性事业，政府、文博机构、科技企业、高校科研单位、投资机构等多元主体分别在文化资源持有、技术研发和产业应用、理论研究、创投资金等领域各具优势。"探元计划"2022面向文化遗产数字化进程中的核心痛点，作为串联文化遗产资源端、产业端、政府端、高校端、投资和媒体端等社会多元角色的"共创平台"，探索新一代数字科技助力文化遗产活化利用的创新生态，助力共建、共享、共益的文化遗产保护传承新格局。

从运作模式上，"探元计划"2022 通过构建以文博机构、数字技术企业、消费者市场为主链，政府、高校与投资机构等角色为支撑底座的共创链条，旨在探寻文化遗产数字化的可持续发展路径，推动多主体共建、共享文化遗产保护传承新格局。

从共创主链来看，文博机构从资源端统筹，为科技企业提供文化遗产内容资源；数字技术企业探索文化遗产领域的技术应用创新，面向市场打造文化遗产市场化产品，助力文化遗产的创新性发展与创造性转化；消费者参与文化遗产的内容共创和大众传播。"探元计划"2022 旨在打通文化遗产资源端、科技企业生产端、消费者市场端全链条，协同推动共创链条的可持续运转。

从支撑副链来看，政府侧可通过政策指导数据采集加工、数据治理等环节，健全文物资源数据分享、监管与保护机制，引导文化遗产数字化有关标准的制定与推行，助力数字技术企业与文博机构加快文化遗产创造性转化；高校侧可发挥自身人才、学科研究等优势，积极推进文化遗产数字化相关学科建设与技术研究，培养跨学科应用型人才，突破文化遗产数字化长远发展的瓶颈性问题；投资机构和宣推平台可利用资金和流量优势，助力数字技术企业突破早期投入成本高等痛点，打通文化遗产市场转化的壁垒。

传统静态文化遗产展陈游览的体验日益固化，无法满足游客对文化遗产内容获取和交互体验升级的需求。"三星堆 MR 导览'古蜀幻地'"项目利用 AR/MR 技术，以影视级的制作水准进行三星堆相关剧情策划和内容开发，通过虚拟内容与现实展陈点位结合，为游客营造场景内容丰富、视觉效果逼真的增强现实游览空间，创造文化遗产展陈游览的新体验场景。

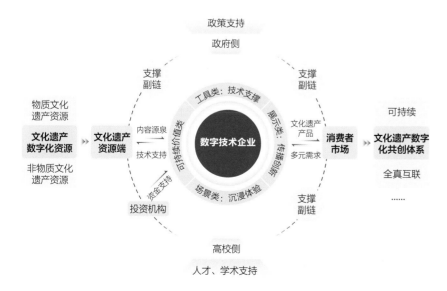

"探元计划"2022 共创主体链路图

2022/2023 中国城市规划年会"社会资本如何参与城市更新"学术对话在武汉召开

在城市更新中引导社会资本参与，形成有为政府与有效市场的结合局面，是多方共识。但从现实看，城市更新项目普遍存在产权复杂、资金平衡难、限制条件多、不确定性高等问题，市场参与较低。一方面，依靠政府财政项目实施不可持续；另一方面，缺乏统筹规范的制度，也易产生社会问题。因此，有必要探讨社会资本参与更新的现实路径，探讨包含激励和规范等多方面的策略应对，促进政府及属地国企平台角色优化——增强合作处变能力、引导鼓励社会资本进入、强化社会发展公平正义。

2023 年 9 月 24 日，由江苏省城镇化和城乡规划研究中心承办的"社会资本如何参与城市更新"年会学术对话在武汉召开。会议邀请了来自政府、企业、高校的 8 名全国著名业界专家，围绕社会资本参与城市更新的现实问题，深入交流研讨如何通过激励和规范等政策应对引导社会资本进入城市更新领域，展望多主体的合作模式和可行路径，为推进实施城市更新行动贡献跨领域和跨专业的力量。国内专家学者及业界同仁齐聚一堂，500 余人到场聆听与交流，反响热烈。

会议由学会理事、学会城市更新分会委员、城乡治理与政策研究专委会委员，江苏省城镇化和城乡规划研究中心主任丁志刚主持。学会副理事长、江苏省政协副主席、九三学社中央委员会常委、九三学社江苏省委主任委员周岚，学会副监事长、清华大学建筑学院教授、清华大学中国新型城镇化研究院执行副院长尹稚，学会常务理事、江苏省城市规划研究会理事长张鑑，学会常务理事、学会城市设计分会委员、深圳市城市规划设计研究院有限公司董事长司马晓，学会常务理事、学会城乡治理与政策研究专委会主任委员、南京大学建筑与城市规划学院教授张京祥，华润置地有限公司城市更新事业部副总经理汪亮，愿景明德（北京）控股集团有限公司城市更新副总裁关心，清华同衡规划设计研究院有限公司副总规划师刘岩等特邀专家进行了精彩主题发言。

周岚
中国城市规划学会副理事长，江苏省政协副主席，九三学社中央委员会常委、江苏省委主任委员，教授级城市规划师

尹稚
中国城市规划学会副监事长，清华大学建筑学院教授，清华大学中国新型城镇化研究院执行副院长

张鑑
中国城市规划学会常务理事，江苏省城市规划研究会理事长，教授级高级工程师

司马晓
中国城市规划学会常务理事、城市设计分会委员，深圳市城市规划设计研究院有限公司董事长，教授级高级城市规划师

张京祥
中国城市规划学会常务理事、城乡治理与政策研究专委会主任委员，南京大学建筑与城市规划学院教授

汪亮
华润置地有限公司城市更新事业部副总经理

关心
愿景明德（北京）控股集团有限公司城市更新副总裁

刘岩
清华同衡规划设计研究院有限公司副总规划师，教授级高级工程师

丁志刚
中国城市规划学会理事、城市更新分会委员，江苏省城镇化和城乡规划研究中心主任，教授级高级城市规划师

老龄文明国际会议"适老化与社会文明"论坛在宜兴召开

2023 年 10 月 14 日上午，由老龄文明智库、江苏省道德发展智库共同发起的首届老龄文明国际会议在江苏宜兴窑湖小镇开幕。中国社会科学院原副院长、政法学部主任李培，江苏省人大常委会副主任张宝娟，江苏省老龄事业发展研究会会长、老龄文明智库理事长王燕文出席开幕式。哈佛全球适老社会科技研究中心联合主任陈宏图，德中护理协会主席玛丽－露易丝·穆勒，日本明治学院大学社会学部教授武川正吾，日本冈山大学人文社科院教授本村昌文，加拿大滑铁卢大学教授董维真，香港中文大学教授李翰林，中国人民大学副校长杜鹏，北京大学医学人文学院健康与社会发展研究中心主任王红漫，复旦大学老龄研究院副院长吴玉韶等国内外特邀嘉宾进行主题演讲。来自海内外的 300 余位专家学者济济一堂，共同探讨积极应对人口老龄化的理念、理论、战略及公共政策。

10 月 14 日下午，江苏省老龄事业发展研究会适老化与老龄友好型社会研究专委会、老龄社会传播与政策评估研究专委会共同承办了首届老龄文明国际会议平行论坛："适老化与社会文明"。

平行论坛邀请了日本东北工业大学副校长、建筑学部学部长石井敏教授，伦敦布鲁奈尔大学设计学院院长董华教授，美国 NCARB 注册建筑师、U+DESIGNPARTNERS 建筑师事务所合伙人肖鲁江，中国城乡规划学会周岚副理事长，同济大学建筑与城市规划学院于一凡教授，愿景集团副总裁江曼总设计师，南京大学新闻传播学院申琦教授等特邀专家进行了精彩的主题报告和交流研讨。7 名国内外著名专家、学者齐聚一堂，结合新阶段发展趋势，围绕积极应对老龄化，构建更适老的城市住房、服务设施、公共空间、交通出行等空间环境以及价值引导、共识凝聚等公共传播，深入交流研讨。会议由适老化与老龄友好型社会研究专委会首席专家刘大威和周颖主持。老龄文明智库副理事长、省人大社会建设委员会卜宇副主任，国际绿色建筑联盟执行主席、江苏省人民政府参事室特约研究员刘大威，南京大学新闻传播学院执行院长张红军教授，东南大学建筑学院周颖教授，江苏省城镇化和城乡规划研究中心丁志刚主任参加了会议。

40年迈向"住有宜居"的跃迁历程和未来趋势

13个市、4种类型、24个更新样本深入观察

主管部门、街道、设计师、教授、企业、业主不同声音

——献给所有关心住区、街区更新的人

《城市更新行动的江苏宜居实践》

TOWARD A LIVABLE JIANGSU : Practices and Explorations of Urban Renewal Action

　　本书力图较全面地记录江苏迈向住有宜居的城市更新行动的历程、成果及思考，阐释新时期江苏对于城镇化转型、城市发展规律的认识和实践探索的全过程，希望能够为地方决策者、实践者、建设者和所有关心城市的人们带来启发，引发更多的延伸思考与创新实践，推动城市更新行动改革破题、动态完善、不断提升，共同努力实现美丽宜居城市的美好图景。

主　编：江苏省住房和城乡建设厅、江苏省城镇化和城乡规划研究中心
出　版：中国建筑工业出版社
装　帧：特种纸全彩印刷，180度平铺精彩呈现
定　价：139元
订购号：40787